翻轉學

翻轉學

マンガでわかる プレゼン・資料作成

漫畫圖解

上班族必學 PowerPoint 簡報製作術

只要7天，從內容、設計到呈現，
迅速強化提案力，搶救你慘不忍睹的報告！

髙橋惠一郎／監修　Akiba Sayaka／繪
LibroWorks／編著　許郁文／譯

目錄

好評推薦…………………………………………………………005

前言　任何人都能成為簡報高手…………………………………006

PowerPoint 常用快捷鍵…………………………………………012

本書特色與使用方法……………………………………………014

登場人物…………………………………………………………016

DAY 1 ｜ 打破做簡報的迷思

01. 簡報總是做不好的原因……………………………………018
02. 簡報的目的在於讓人採取行動……………………………024

DAY 2 ｜ 簡報的本質，是「提供價值」

03. 讓受眾聽到需要的價值……………………………………034
04. 讓簡報順利進行的必要元素………………………………042
05. 簡報的正確準備方法………………………………………050

DAY 3 規劃簡報的內容架構

06. 第一步，設定簡報的目標與流程……058
07. 超級整體局部法與前言……062
08. 透過要點展示價值……066
09. 細節的基本是邏輯與故事……070
10. 重複重點，用具體方案收尾……075

DAY 4 善用編排，展現你的豐富想法

11. 簡報資料的編排思維……090
12. 簡報工具扮演的角色……094
13. 編排投影片 4 步驟……098

DAY 5 簡報設計的大規則和小細節

14. 文字和圖案的設計規則……110
15. 圖表、圖片、排版的規則……122

DAY 6 清楚傳達資訊的簡報技巧

16. 打造成功簡報的印象……142
17. 線上簡報的注意事項與器材……155
18. 傳遞訊息的 5 個詞彙……161

DAY 7 練習簡報和應對Q&A時間

19. 練習簡報的方法與心態……174

結語　做出感動人心的簡報……185

好評推薦

「本書的內容解說循序漸進，相當完整；搭配情境式漫畫，更是寓教於樂，讓讀者都能輕鬆學會簡報技能，是新手入門不可多得的好書。」

―― Allan，「簡報‧初學者」版主、
AbleSlide 內容總監

「別再做無效簡報！是時候掌握受眾心理，根據觀眾屬性客製化簡報內容。這樣才能精準傳達你的價值，驅動對方採取行動，達成簡報目標！」

―― 林長揚，簡報教練

「巧妙透過漫畫，把簡報和資料製作的關鍵概念，轉化為輕鬆易懂的知識體驗。對於想提升視覺傳達力的人來說，這本書不僅好看，更好用。」

―― 劉奕酉，鉑澈行銷顧問策略長、
《看得見的高效思考》作者

前言　任何人都能成為簡報高手

咔噠
咔噠
上班族時代的
秋葉（業務員）
秋葉小姐，明後天要去拜訪A公司，能請妳提案嗎？
啊，了解！
哇，得趕快準備了～
呃……該怎麼辦啊？
閃亮亮
A公司敬啟
新廣告媒體的
提案
總之先把封面設計得美美的
內容的話，那個不能忘了提，這個也得放進去
啊！還得追加那個內容……
哇，內容有夠雜亂，看來這陣子得加班了
提案當天
總算趕上了！
可是沒有時間練習
糟糕了

A.Corporati
嚴肅
噗咚
噗咚
呃，感謝您撥空聽取報告。接下來由我為各位介紹新廣告媒體，呃……
哇，超緊張的，一直說呃是怎樣啦
呃呃
呃呃
呃，請先過目這些資料！
咚
字典？
總之得在時間之內說完該說的話
像機關槍一樣說個不停
霹靂啪啦
突然當機
忘了要說什麼
呃，那麼，如果要委託貴公司，敝公司會再聯絡您……

安靜——
被罵得臭頭
唉～～
怎麼會變成這樣啦？
過了幾天，開會中……
企劃書很雜亂，真是對不起啊！
哈哈哈
之前也發生過這種事，我到現在還是很不會製作簡報資料
原來如此……的確是很難閱讀啊！
閃亮亮
一驚
編輯
角田先生
咻
咻
咻
好了！
下個企劃就是這個！
看漫畫學習製作簡報的方法
蛤？
咻
咻
咻
咦？那我提出的企劃咧？
……

上課第一天
你好，讓我先介紹自己吧！
我叫高橋惠一郎，主要是提供簡報諮詢課程，以及替企業設計研修課程或講座
高橋老師
簡報專業顧問，簡報講座的學生已超過 6 萬名
哇～
老師給人很整潔乾淨的感覺耶，而且聲音也鏗鏘有力，很悅耳
雖然我現在看起來好像很懂簡報
遇到人只會聊天氣
但我原本是個很不會溝通的人！
學生時代的我很不會聊天，連超商打工都被刷掉
24
真的假的？
不過在出社會之後，我上了一些有關簡報的課程，也讀了一些書，更重要的是，有許多實作的機會！
慢慢地，開始有人說「高橋很懂簡報耶」

我慢慢
好像很多人不太會簡報耶，如果能把我會的東西整理起來，不就能幫到更多人了？
發現一件事
於是，我整理出自己的一套方法
也在 YouTube 介紹如何製作簡報！
可以搜尋「簡報大學」哦
若問我想透過自我介紹說什麼
答案就是「覺得簡報很麻煩的人」也請放心！
面試超商被刷掉的我，現在居然像這樣做著有關簡報的工作……
24
24
換言之，只要好好學，誰都能學會製作簡報資料的技巧！
哇哇！
太可靠了！還請老師多多照顧了！
一起加油吧！

PowerPoint 常用快捷鍵

先來了解PowerPoint 常用的快捷鍵與功能吧。

※ 不同的鍵盤會有不同的按鍵排列順序。

（在播放投影片的時候）
[Esc]：結束播放

[F5]：從第一張投影片開始播放

[Shift] + 選取多個物件：同時選取
[Shift] + 拖曳：水平移動

[Alt] + 左右箭頭：旋轉
[Alt] + [Ctrl] + 左右箭頭：旋轉（微調）

[Ctrl] + [D]：複製
[Ctrl] + 拖曳：複製
[Ctrl] + [Shift] + [C]／[V]：複製／貼上格式
[Ctrl] + [A]：全選

【漫畫圖解】上班族必學的PowerPoint簡報製作術

Shift + F5：從當前的投影片開始播放

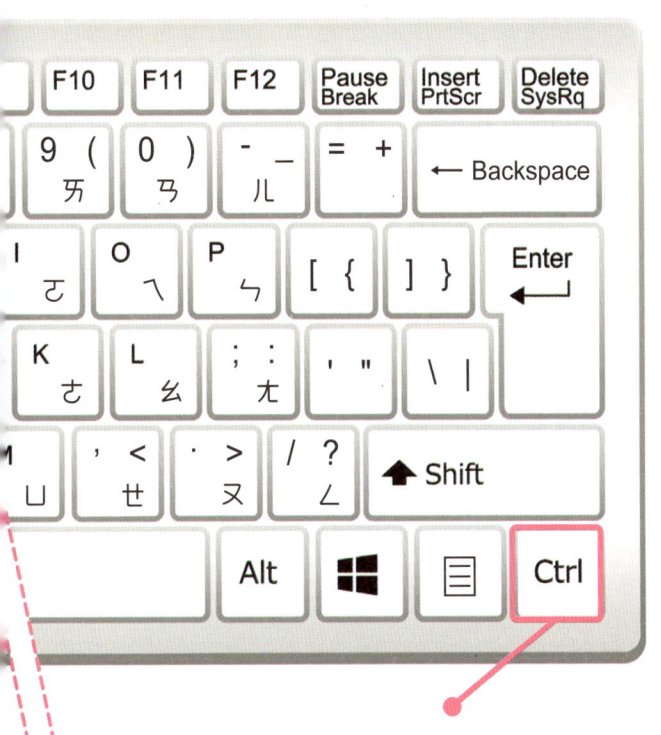

Ctrl + L ／ R ／ E：文字向左／右／置中對齊
Ctrl + [／]：字級縮小／放大
（選取多個物件之後）Ctrl + G：組成群組
Ctrl + Shift + G：解除群組

本書特色與使用方法

透過漫畫「掌握概要」

本書會以「漫畫＋說明」的架構介紹每章主題，請先透過漫畫想像實際應用的情況。本書的重點在於讓大家「輕鬆讀完內容」，也只介紹「能立刻應用於工作上」的內容。

在說明頁面進一步「了解細節」

透過漫畫學會簡報的重點之後，在說明頁面進一步了解相關的內容。就算只先看漫畫也沒問題。說明頁面也解說了 PowerPoint 的詳細操作方法。

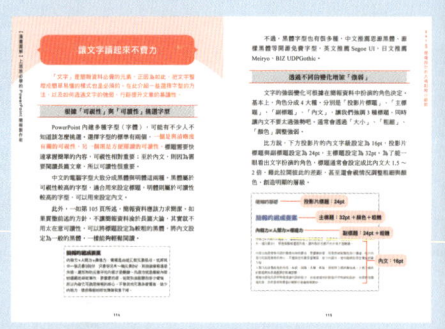

利用範例「實踐」

一邊參考第 5 天的範例檔，一邊試著操作 PowerPoint。
範例檔可從 15 頁下載。

○ 下載範例檔案

購買本書的讀者可免費下載書中介紹的 PowerPoint 範例檔。請先詳讀注意事項，再至以下雲端硬碟下載檔案：

`https://pse.is/7646ka`

請輸入前述的網址，下載 PowerPoint 的檔案。

【注意事項】
- 建議透過電腦下載。
- 要開啟範例檔必須安裝 PowerPoint。
- 如果無法進入下載頁面，請確認您使用的網頁瀏覽器是否為最新版本。在下載之前，請確認磁碟容量是否足夠。
- 本服務有可能未經公告而停止，還請各位見諒。

○ 本書支援版本

本書支援 PowerPoint 2019 與 Microsoft 365 的 PowerPoint（截至 2023 年 12 月為止）。不過，有些內容無法支援所有版本的 PowerPoint。此外，本書主要是以 Windows Microsoft 365 的 PowerPoint 畫面說明，所以若您使用的 PowerPoint 或作業系統的版本與種類不同，畫面可能會有些許出入，還請各位見諒。

* 本書提及的公司名稱、產品名稱皆為各公司的註冊商標。®、™ 符號予以省略。
* 本書範例檔提及的企業名稱或商品名稱都是虛構的。
* 本書的內容為 2023 年 12 月的版本。雖然在出版之際已力求正確，但請恕作者與出版社不對使用本書的內容所造成的任何問題負責。
* 本書提及的網址有可能未經宣告而失效。

【漫畫圖解】上班族必學的 PowerPoint 簡報製作術

登場人物

髙橋惠一郎老師
簡報專業顧問。簡報講座的學生已超過 6 萬人以上。YouTube 頻道「簡報大學」的訂閱者約 11 萬人。

秋葉彩華
於廣告公司上班 5 年後，以插畫家的身分獨立創業。在《【漫畫圖解】上班族必學 Excel 文書處理術》學會 Excel 之後，準備挑戰製作簡報資料。三十多歲，兩個孩子的媽媽。

電腦君
一起工作的電腦。
一邊讓大家傷透腦筋，卻又不斷幫助大家。

DAY 1
打破做簡報的迷思

因為討厭
所以學不會

因為學不會
所以才討厭

不用再
煩惱囉！

01. 簡報總是做不好的原因

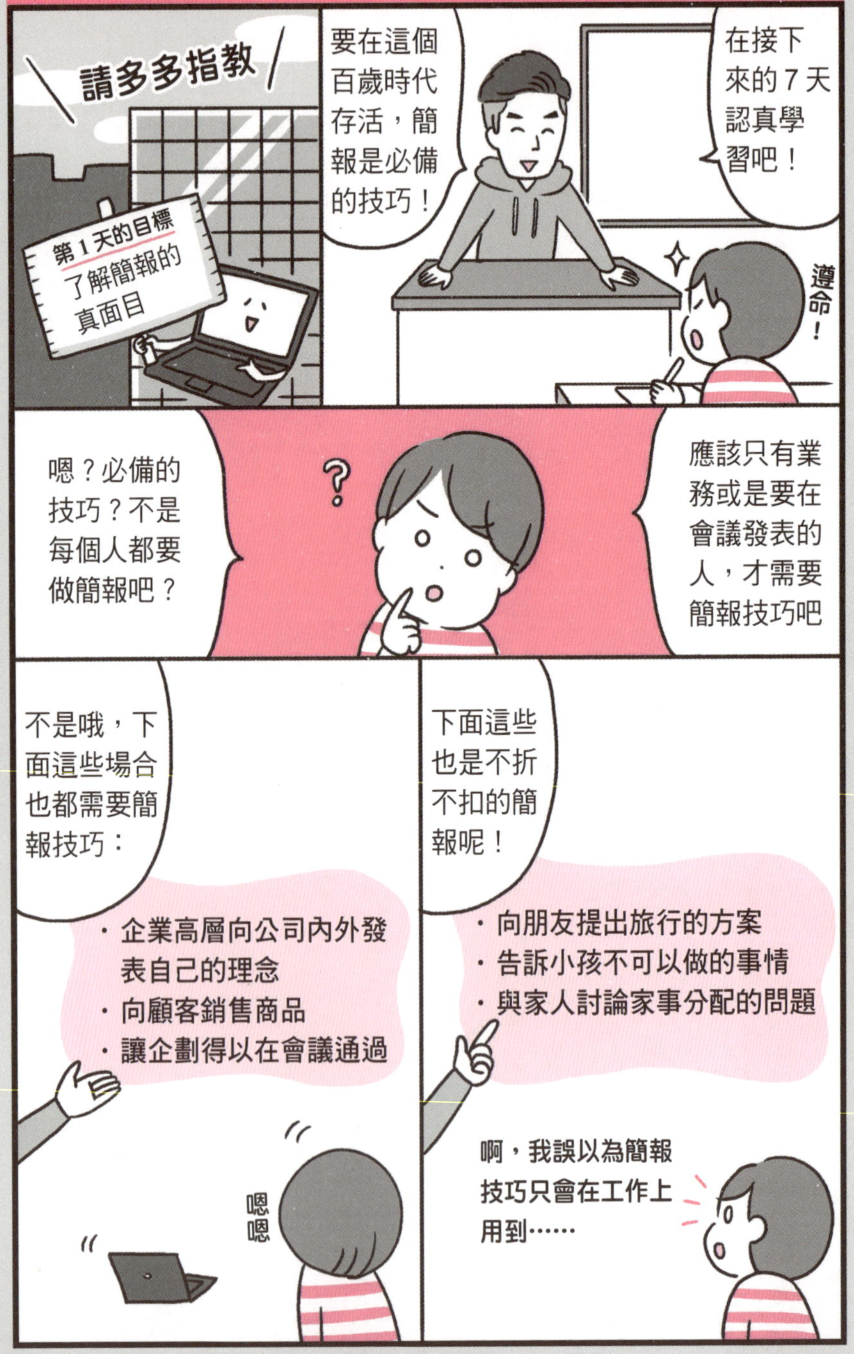

原來是這麼一回事～
簡報失敗
鬱悶
鬱悶
沒辦法說清楚想說的事
我常常這樣
其實大家平常就很常做簡報哦！
在科技越來越有效率，AI 越來越發達的情況下，那個「只需要完成交辦工作」的時代已經結束了
接下來是「活用創意，努力工作」的時代
發表
意見
而這個「創意」本身沒有任何價值
因為如果沒有傳達給對方，就沒有意義
創意
換言之，在這個時代
簡報能力
=
確實將自己的創意與想法傳達給對方的能力
簡報能力是用自己的方法工作，活出自我的必備技巧
哦～

這問題雖然有點唐突，但你為什麼覺得自己不會簡報呢？
嗯……
一來是因為緊張，二來是我本來就不擅長在大家面前發表
高手的感覺……
具有領袖魅力
與生俱來的才能
根本不需要那些東西哦！
蛤？
直接
不擅長簡報的理由很簡單！也就是……
學得不夠與練習不足
就連已故的蘋果公司創辦人賈伯斯，在正式開始簡報之前，也會從幾週前就花幾十個小時練習哦！
咦？真的嗎？
就連賈伯斯都這麼努力練習，一般人要是不練習的話……
的確，那當然會失敗啊！
咦？
資料做好了！我要上場了！
不練習嗎？
咻
對吧！

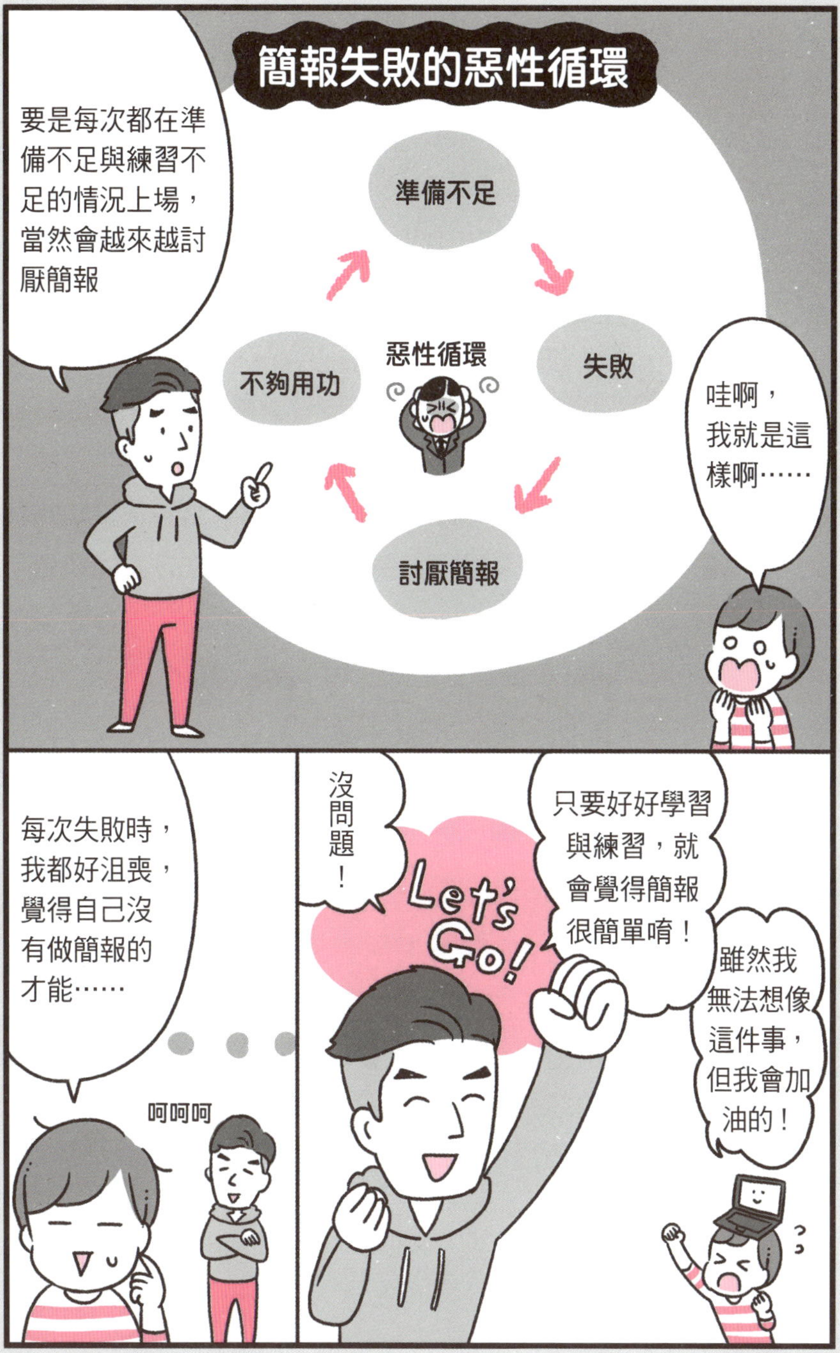
簡報失敗的惡性循環
要是每次都在準備不足與練習不足的情況上場，當然會越來越討厭簡報
準備不足
失敗
討厭簡報
不夠用功
惡性循環
哇啊，我就是這樣啊……
每次失敗時，我都好沮喪，覺得自己沒有做簡報的才能……
呵呵呵
沒問題！
只要好好學習與練習，就會覺得簡報很簡單唷！
Let's Go!
雖然我無法想像這件事，但我會加油的！

人人都需要「簡報技巧」的時代

　　簡報技巧在接下來的時代將越來越重要，也不再只是少數人才需要的技巧。

　　在這個科技提升了效率，AI進展神速的現代社會，只完成例行公事是無法在職場得到好評的。**現代商場需要的是「活用創意的工作方式」**，而不是「照本宣科的工作方式」。

　　所以，**若無法讓別人知道你的創意，就毫無意義可言**。不管是哪種工作都需要說明想法，而此時需要的正是簡報技巧。在需要發揮創意的現代社會，簡報可說是必備的技巧。

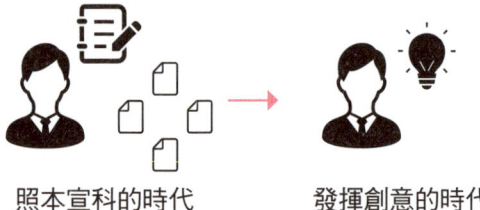

照本宣科的時代 → 發揮創意的時代

　　本書所說的簡報不只是站在群眾面前，透過投影片推銷企劃的簡報，也包含在開會時說明創意的簡報。

　　不管是在工作上還是生活上，簡報技巧都非常重要。比方說，如果能清楚告訴朋友，接下來要去的旅行地點，除了能說服朋友，也能達成自己的目的。**用於說明想法的簡報技巧不僅能應用在商界，也能應用在各種場景**。

簡報失敗的原因

應該有不少人有過「簡報失敗」的經驗，會失敗一定有原因，而且只要多練習，就一定能改善。

簡報之所以會失敗，都是因為沒好好學習與練習簡報技巧。簡報是由「內容的製作方式」、「資料的編排」、「口條」這些元素所組成。本書會告訴大家簡報需要哪些元素，也會帶著大家練習，以便學會這些元素。

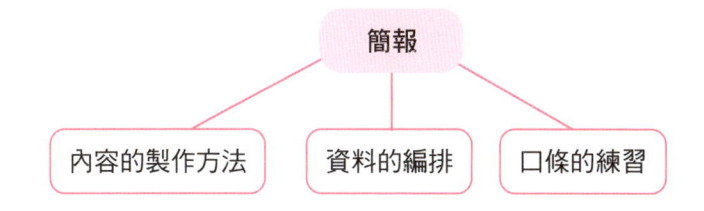

```
          簡報
   ┌───────┼───────┐
內容的製作方法  資料的編排  口條的練習
```

如果在練習不夠充分的情況下進行簡報，當然會失敗。一旦失敗，就會更討厭簡報，更不願意練習簡報技巧，之後就會陷入簡報一再失敗的惡性循環。

```
      準備不足的簡報
     ↗            ↘
練習不足            失敗
     ↖            ↙
        討厭簡報
```

只要多學習、多練習，每個人都有機會成為簡報高手。學會簡報技巧之後，就能跳脫簡報不斷失敗的惡性循環。

02. 簡報的目的在於讓人採取行動

我一開始有說過，簡報其實分成很多種！

但種類實在太多，會讓人難以分類，所以我們要先定義何謂簡報

這就是我對簡報的定義

簡報就是……向受眾說明想法，希望受眾產生變化的行為

希望受眾有所改變？簡報不是只要向受眾說明就好了？

如果只是用來報告事項的簡報，那樣也沒問題！

這是今天的業績報告。A賣出10個，B賣出14個！

OK！

不過，如果是要向社長報告，並且希望企劃通過的簡報呢？就不能只是那樣對吧？

我想做的是這種企劃！

啊，真的耶！

✗ 原來如此，我知道了！但我要駁回！

【漫畫圖解】上班族必學的PowerPoint簡報製作術

讓現在的簡報升級為受眾願意採取行動的「簡報3.0」！
簡報 1.0
「說明」的簡報
單方面說個不停的簡報
升級
簡報 2.0
「傳遞訊息」的簡報
讓受眾接收訊息的簡報
升級
簡報 3.0
「驅動」的簡報
利用充滿魅力的內容，讓受眾採取行動的簡報
哦！
順帶一提，1.0版的簡報大概是這樣：
滔滔不絕　滔滔不絕　滔滔不絕　滔滔不絕
以自己的速度說明想說明的事情。
將想說明的事情原封不動做成投影片，
然後一邊看著投影片，一邊說個不停。
使用受眾難以理解的專業術語。
投影片塞滿了備忘的資訊，
完全不考慮受眾是否看得懂或聽得懂。
只照著自己的喜好編排資料……
完全聽不進去對吧？
沒錯！
還有隨個人喜好添加的裝飾
就來點酷酷的背景圖案吧～
噹噹！
刺痛
或是把投影片當成自己的備忘錄
只是不斷朗讀……
滔滔不絕
刺痛
刺痛

該不會妳也用了這些特效吧？
轉轉轉
跳跳跳
莫名的動畫特效
哎呀呀呀呀呀
這樣的話，只是透過自己的方法說明了你準備的內容
這樣對方是不會採取行動的！
換句話說，就是以自己為主角，自我陶醉的簡報
喂，到這裡還行嗎？
還行，只是被戳中太多點了……
咻——
自我滿足
反過來說，妳會在什麼時候覺得「想做做看」、「想買買看」？
呃……覺得很有吸引力的時候？
沒錯，所以必須讓對方聽到他們想聽的「價值」
簡報 3.0 就是像這樣讓受眾動起來的內容！
簡報 3.0
「驅動」的簡報
• 受眾聽得懂的簡單詞彙
• 受眾看得懂的投影片
• 放入受眾覺得有價值的內容
• 讓受眾產生共鳴的故事
• 受眾能立刻執行的具體方案
全部都是關於「受眾」耶……

換句話說……
咔嚓
主角是「受眾」！
轉
簡報的本質是向「受眾提供價值」，而不是向簡報者提供價值
這是最重要，最不能忘記的重點！
價值
我們想要的簡報 3.0 就是「以受眾為主角」的簡報唷！
對耶，我到目前為止都只想著「我能做好的事情」
就讓我們從這個階段開始，一步步讓簡報升級吧！細節會從明天之後開始說明
+「淺顯易懂」的簡報資料
+「簡單明瞭」的簡報技巧
簡報 1.0
簡報 2.0
簡報 3.0
+受眾覺得有「價值」的內容
+引起共鳴的「故事」
+立刻能執行的「具體方案」
了解

利用簡報讓別人採取行動

每個人對於「簡報」的認知都不同。在此要先告訴大家我對簡報的定義，以及簡報不可或缺的本質。

讓「受眾產生變化」，才是真正的簡報

我將簡報定義為「向受眾說明想法，希望受眾產生變化的行為」。

簡報範例	希望受眾產生的變化
向顧客推銷新商品的簡報	希望在顧客購買商品之後獲得利益。 ※帶來改變。
在會議發表自己的意見	希望討論更熱烈，讓與會人員更有動力。 ※目的是希望創造一些變化。
與朋友規劃旅行時，提出想去的地點	希望朋友的心情產生變化。

推銷商品的簡報　　　　　　在開會時發言

提出旅行地點

從「說明」升級為「傳遞訊息」，再進階為「驅動」

簡報分成 3 種等級，要讓簡報成功，就得讓簡報提升到第 3 等級的「簡報 3.0」。

簡報1.0 簡報者說個不停的簡報	• 以說完為目的 • 簡報者是主角 • 不在乎受眾是否了解 例如：使用太多專業術語，或是與內容無關的裝飾設計、花俏動畫，目的是用自己的方法說明準備的內容。
簡報2.0 受眾能聽懂的簡報	• 比1.0版花了更多心思，讓資料變得更容易理解 • 讓受眾接收內容
簡報3.0 目標是「預算或企劃能夠通過」等，讓對方採取行動	• 受眾喜歡的「價值」 • 引起共鳴的「故事」 • 能立刻執行的「具體方案」

簡報 3.0 的特徵在於受眾是主角。**站在受眾的角度，讓受眾聽到想聽到的價值，才能做出讓受眾採取行動的簡報。**

＋「淺顯易懂」的簡報資料
＋「簡單明瞭」的簡報技巧

簡報 **1.0**
「說明」的簡報

簡報 **2.0**
「傳遞內容」的簡報

簡報 **3.0**
「驅動」的簡報

＋受眾覺得有「價值」的內容
＋引起共鳴的「故事」
＋立刻能執行的「具體方案」

謝謝老師！

今天的課好有趣哦

呼

雖然我本來就很害怕簡報，或是站在大家面前發表意見

媽媽回來了～

仔細想想，我還真的是沒有練習就上台啊

沒有編排 亂舞

會出現「我不會跳舞，所以討厭跳舞」這種想法也很正常啊

後面講到的部分也很有趣

可是我很容易緊張耶……

哈哈哈

這時候通常是因為把注意力放在自己身上

我是不是在流汗

失敗的話很丟臉

我能做好嗎？

只要將注意力放在受眾身上，就不會那麼緊張了
有聽懂嗎？
哦～
再來就是練習！
遵命！
受眾是主角，讓受眾採取行動的簡報
興奮 興奮
我要是能學會這種簡報，工作與生活應該都能升級吧！目標是成為「秋葉3.0」！
歡呼！
媽媽，我想吃餅乾
啊姆姆（吃餅乾）
呃，待會就要吃飯了耶……
我會乖乖吃飯的～
哇啊啊啊（給我吃～）
這……這也是某種簡報嗎？
壓力太大了

【漫畫圖解】上班族必學的 PowerPoint 簡報製作術

簡報苦手川柳

總而言之，
若沒有自信，
就從形式上
開始改變

我覺得自己好像能做出厲害的簡報……

只是你覺得吧……

DAY 2

簡報的本質，是「提供價值」

03. 讓受眾聽到需要的價值

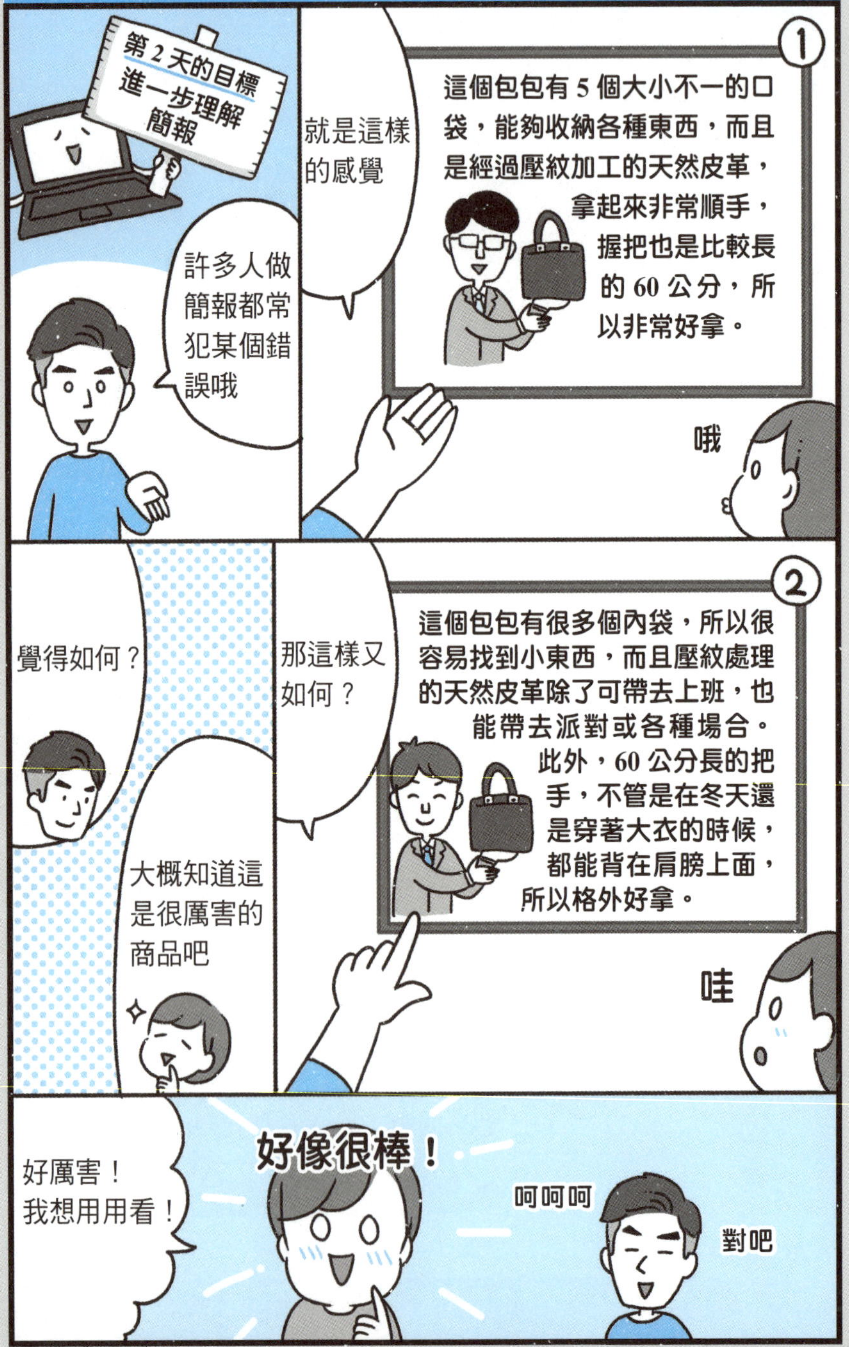

①的簡報說明了商品的功能，②的簡報說明了商品的價值哦
①是
「說明功能」的簡報
這個包包有 5 個大小不一的口袋，能夠收納各種東西，而且是經過壓紋加工的天然皮革，拿起來非常順手，握把也是比較長的 60 公分，所以非常好拿。
商品是主角
②是
「提供價值」的簡報
這個包包有很多個內袋，所以很容易找到小東西，而且壓紋處理的天然皮革除了可帶去上班，也能帶去派對或各種場合。此外，60 公分長的把手，就算是在冬天穿著大衣時，也能背在肩膀上面，所以格外好拿。
商品是主角
這邊說明了買這個包包的好處！
其實越是熟悉商品的人，越容易做出說明功能的簡報，因為太了解商品，所以什麼都想講清楚
這種加工很厲害啊！
沒什麼感覺
可惜的是，客人不會有感覺的
省掉功能的說明，讓客戶知道「這樣使用的話，能夠得到什麼價值」，才能打動客戶
價值
這就是提供價值！
原來如此，這就是受眾當主角的意思啊
沒錯！看來妳已經懂了耶
①的簡報讓商品當主角，所以受眾沒感覺啊

【漫畫圖解】上班族必學的 PowerPoint 簡報製作術

而且價值有分成兩種唷

明顯的價值
一眼就能看到的價值，受眾能夠自行想像

有很多內袋，好像很容易找到需要的東西

潛在的價值
沒辦法一眼看出來，受眾聽到說明之後才知道的價值

如果簡報只說明了受眾自己也能發現的價值，就不會覺得商品有什麼特別的

很容易找到東西哦！

這我也知道啦

如果簡報說明了潛在的價值，會如何呢？

能省下找東西的時間，以及節省東西不見的成本，讓您更省時省力！

咦，是這樣啊？想想好像是耶！

明明是同一件商品，聽到這種說明之後就更想買了～

對吧

換言之，說明只有自己才能說明的潛在價值，才能做出讓受眾採取行動的簡報！

其實有這種價值哦

價值

哦～

036

不過，用嘴巴說很容易，做起來卻很困難
這是因為……
每個人覺得有價值的地方不一樣！
這是簡報的難處，也是有趣的地方
咦！
比方說，A小姐覺得很棒的潛在價值，不一定能打動B先生
能夠節省找東西的時間以及東西不見的成本，所以CP值很高！
聽起來不錯
喜歡高CP值的人
是哦
A
B
不過，B先生或許喜歡這種潛在價值
經過壓紋加工的表面比較不會髒，不需要整理，也能長期保持亮麗！
咦！是哦，就買下來吧！
怕麻煩的人
那該怎麼辦啊？
這部分一定要先確認！所以得蒐集顧客的資訊或進行訪談
本書雖然沒能說明訪談的部分，但市面上有許多相關的書籍，大家可以買來讀讀看
我溝通能力不好，能夠請密探去調查嗎？
我是密探
蛤？密探？

告訴受眾能夠得到什麼好處

「價值」這個詞很抽象模糊,但是在製作簡報時,「傳遞價值」卻非常重要。因此,讓我們一起思考何謂「價值」吧。

「功能」與「價值」的差異

簡報的重點在於「讓受眾聽到價值」,不過很多人都只說明了功能,沒有說明價值。

比方說,在進行新商品簡報時,簡報者通常很了解這項商品,所以一不小心就會一直說明「功能」,但是受眾無法想像有這些功能的商品,能為自己帶來哪些好處。要讓受眾聽到價值,就必須清楚說明受眾能夠得到哪些好處。

功能	價值
・有 5 個內袋 ・有壓紋加工的天然皮革 ・握把有 60 公分	・有很多個內袋,所以比較容易找到東西 ・設計感很成熟,能在商務場合或其他許多場合使用 ・握把很長,在冬天穿大衣的時候,也能背在肩上

只說明功能的簡報是將焦點放在「簡報者手上的東西」,屬於簡報 1.0;讓受眾聽到價值的簡報,則是將焦點放在「受眾有興趣的價值」,所以是以受眾為主體的簡報 3.0。換言之,要讓受眾採取行動(購買商品),不能只是說明功能,而是得做出傳遞價值的簡報。

「外顯價值」與「潛在價值」的不同

價值可繼續細分成兩種,分別是「外顯價值」與「潛在價值」。

- 外顯價值:受眾能自行察覺的價值
- 潛在價值:受眾聽到說明才恍然大悟的價值

若只說明外顯價值,受眾只會得到「我就知道是這樣」的滿足感,但如果能夠連同潛在價值一併說明,受眾就會因為聽到預期之外的價值,而得到超乎想像的滿足感。

比方說,如果依照下表說明包包的潛在價值,會得到什麼結果?當受眾得到自己沒察覺的價值,說不定就會變得更想購買,而這就是潛在價值的威力。

功能、外顯價值、潛在價值的比較如下:

	功能	外顯價值	潛在價值
概要	商品的功能	受眾得到的價值	受眾得到的價值
受眾得到的東西	商品相關的知識	預期的滿足感	預期外的滿足感
包包的範例	・多個口袋 ・有壓紋加工的天然皮革	・方便找到東西 ・能於各種場合使用	・CP值很高 ・維護保養不會很麻煩

如果你遇到只能說明外顯價值的業務員,以及能夠傳遞潛在價值的業務員,應該會比較想跟後者買東西吧?簡報的重點,在於連同潛在價值一併說明。

製作包含潛在價值的簡報

雖然大家已經知道要傳遞潛在價值，但說得容易，做起來可就一點都不簡單。接著，讓我們一起學習傳遞潛在價值的祕訣吧。

每個人在意的潛在價值都不同

每個人想要的潛在價值都不同，對某些人有用的潛在價值，對別人可能就沒用。因此，要做出包含潛在價值的簡報，必須多花心思。

比方說，在意價格的人或許會被「這個包包的 CP 值很高」的簡報打動，在意事後維護的人或許會對「不需要維護，省時省力」這種簡報動心。因此，**依照對方的需求說明潛在價值才這麼重要**。

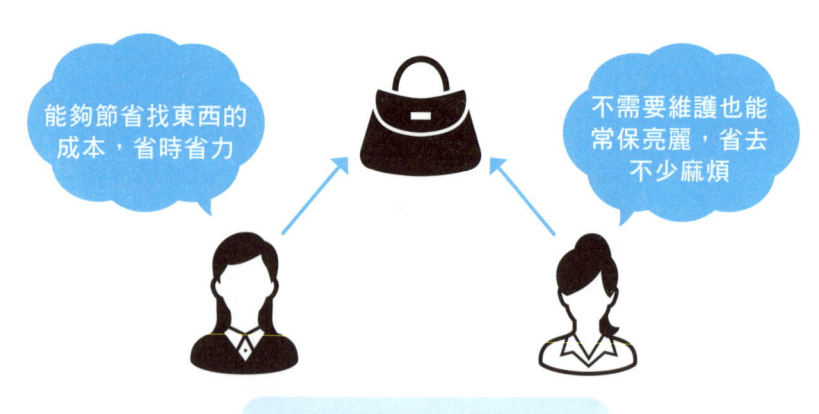

能夠節省找東西的成本，省時省力

不需要維護也能常保亮麗，省去不少麻煩

每個人想要的潛在價值都不同

透過訪談和調查，找出潛在價值

要將對方想要的潛在價值放進簡報，就必須了解對方。如果不了解對方，只是隨便約對方見面，然後帶著商品去做簡報，很難賣出商品，因為對方沒有得到想要的潛在價值。

要了解對方，就得進行訪談或調查。比方說，先邀請對方做訪談，而不是直接跟對方約時間去做簡報。先問出對方對什麼東西有興趣，或是目前遇到什麼問題，接著再製作簡報，就能讓對方得到想要的潛在價值。

就算不進行訪談，也可以試著寫下你和對方交談時了解的部分。如果沒辦法進行訪談，也可以透過網路查資料，了解對方。

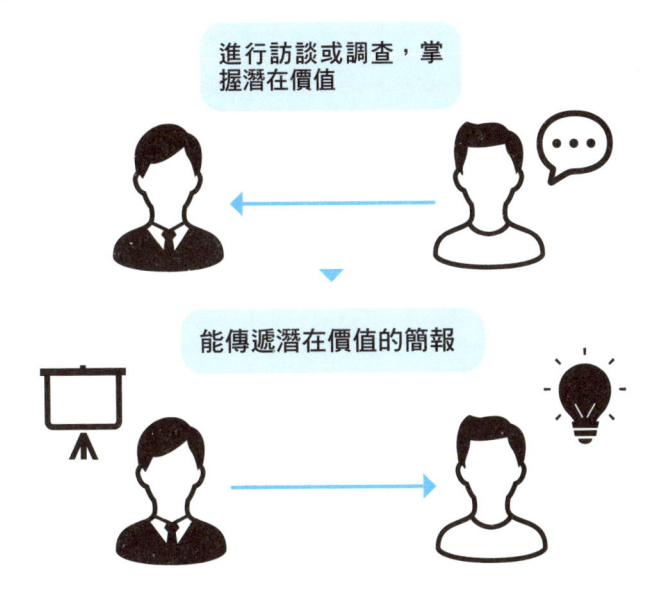

進行訪談或調查，掌握潛在價值

能傳遞潛在價值的簡報

04. 讓簡報順利進行的必要元素

組成簡報的 3 種元素

- 組成簡報的是這 3 種元素！
- 如果掌握這 3 種元素，簡報就會很順利

內容力：能夠提供多少價值給受眾（價值）

人間力：性格、人格、社會地位、職稱等綜合條件

傳達力：簡報的資料與表達方式是否簡單易懂

接下來要來猜謎，要讓簡報順利，不能少了這 3 個元素之中的哪一個？

「人間力！」「傳達力！」

答案是……**全部！**

好奸詐！

順帶一提，我在講座問這個問題時，大部分的人都回答傳達力唷

咦，為什麼啊？

其實，這是因為有個錯誤的資訊到處流傳啊

妳聽過「麥拉賓法則」嗎？
麥拉賓法則
美國心理學家麥拉賓（Albert Mehrabian）為了了解自己的行動會對別人造成什麼影響，而做了一個實驗。結果得到了這個有名的結果：
外表與說話方式的影響力有 93%
說話內容的影響力只有 7%
啊，這個我聽過，就是那個認為說話方式比較重要的實驗，對吧！
NO
驚
嚇
其實這裡忽略了一個前提，這個實驗是在「被要求說出跟情緒及態度相互矛盾的訊息」的情況下所進行的。也就是這種情況：
謝謝！
說的話是正面的
情緒和態度卻是負面的
在這種情況下，大部分的人都更重視「情緒與態度」！
雖然這是在有限定條件的情況下進行的實驗，但是許多人卻不明究理……
有些人甚至覺得「外表與說話方式最重要」或「說話內容不重要」
事實上，這 3 種元素都很重要！
三位一體！
內容力
人間力
傳達力
合體！
我了解了！

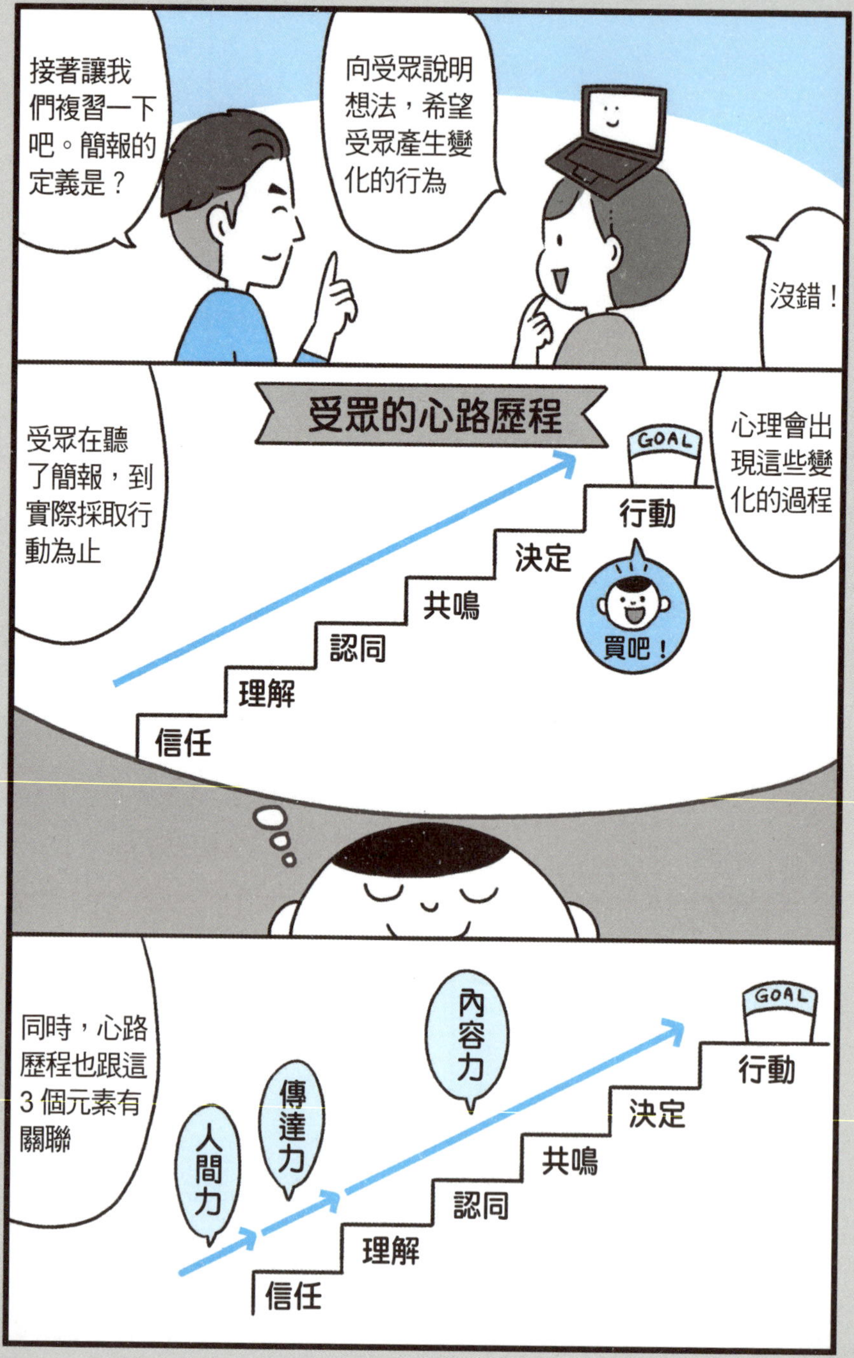
接著讓我們複習一下吧。簡報的定義是？
向受眾說明想法，希望受眾產生變化的行為
沒錯！
受眾在聽了簡報，到實際採取行動為止
受眾的心路歷程
心理會出現這些變化的過程
GOAL
信任
理解
認同
共鳴
決定
行動
買吧！
同時，心路歷程也跟這3個元素有關聯
人間力
傳達力
內容力
GOAL
信任
理解
認同
共鳴
決定
行動

第一步是信任。就算說得天花亂墜，如果對方不值得相信呢？
營造爽朗感的講座
大家好，我是擔任講師的怪異男
騷動
騷動
不會想聽對方說什麼吧
你好，讓我先介紹自己吧！
我叫高橋惠一郎，主要是提供簡報諮詢課程，以及替企業設計研修課程或講座
高橋老師
簡報專業顧問，簡報講
的學生已超過6萬名。
對吧？如果不先突破這點，對方就不會相信你說的話
所以我一開始一定會先自我介紹
的確，我記得那時候就很相信老師了
接著是理解！就算相信對方，如果聽不懂對方講什麼，或是資料都很難懂，那就無法理解最重要的內容了
得到〇〇大獎的教授特別講座
△×□○×□♡◇×△○×○□…
不絕
滔滔
亂七八糟
接著是源自認同的共鳴！
認同→共鳴的差異
例 慢跑有益健康！
我知道慢跑不錯，但對我有什麼好處嗎？
有益健康嗎？最近要健康檢查了，來慢跑吧
能否當成常見的事情接受
認同
能否當成自己的事情看待
共鳴
要讓受眾聽到價值就必須具備內容力唷

ACTION!
GOAL
內容力
傳達力
人間力
信任
理解
認同
共鳴
決定
行動
只要按照這個順序，就能讓受眾採取行動
不能跳過任何一個步驟哦！
要完成這個流程，就需要前面提到的 3 個元素！
本書雖然不會提到提升人間力的方法，但其實人間力也很重要啊
守約定
不說謊
成為值得信賴的人
原來如此（笑）
不過，就讓我幫助大家提升內容力與傳達力吧！
這就是接下來要說明的「正確的事前準備方法」！
哦哦！

打造成功簡報的 3 大元素

做簡報必備 3 個元素，如果能夠滿足這 3 個元素，簡報的成功率就會大增。讓我們先針對每個元素做說明吧。

讓簡報成功的元素可分成下列 3 種：

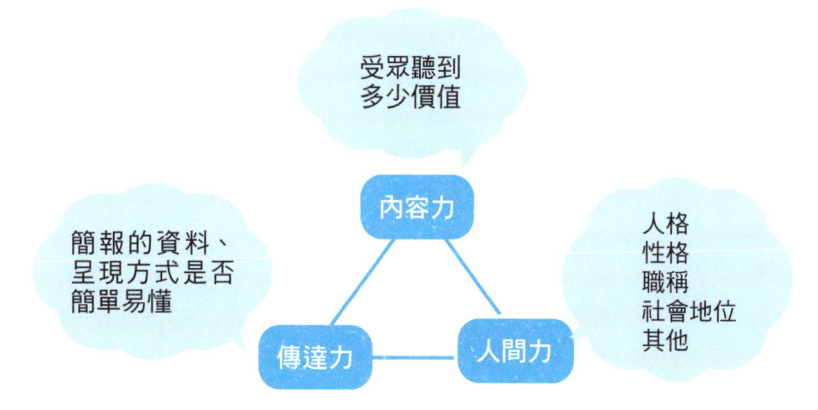

```
              受眾聽到
              多少價值

                 內容力
簡單的資料、                    人格
呈現方式是否                    性格
簡單易懂                       職稱
                              社會地位
                              其他
          傳達力 ─── 人間力
```

人間力、傳達力、內容力都是簡報不可或缺的元素，只有在這些元素互相幫襯之下，簡報的成功率才能大幅提升。

「傳達力最重要」的說法之所以蔚為風潮，在於人們對於麥拉賓法則的誤解（參考前述漫畫）。

> **小建議**
> 麥拉賓法則就是「人類的行動會對他人造成哪些影響」的法則。一般認為，視覺資訊與聽覺資訊非常重要，但是麥拉賓法則是以「說出跟情緒及態度相反的訊息」為前提，所以不適合用來解釋所有情況，還請大家務必注意這點。

受眾產生心理變化的過程

前面將簡報定義為傳遞想法,讓受眾產生變化的行為。讓我們站在受眾的立場,思考這種「變化」的過程吧。

受眾的心路歷程

在透過簡報讓受眾採取行動的過程中,受眾的心中會產生一些變化,那就是「信任→理解→認同→共鳴→決定→行動」這 6 個步驟。

❶ 信任:相信簡報者說的內容
❷ 理解:了解簡報者說的內容
❸ 認同:將簡報者說的內容視為一般的事情
❹ 共鳴:將簡報者說的內容當成自己的事情
❺ 決定:決定採取行動
❻ 行動:實際採取行動

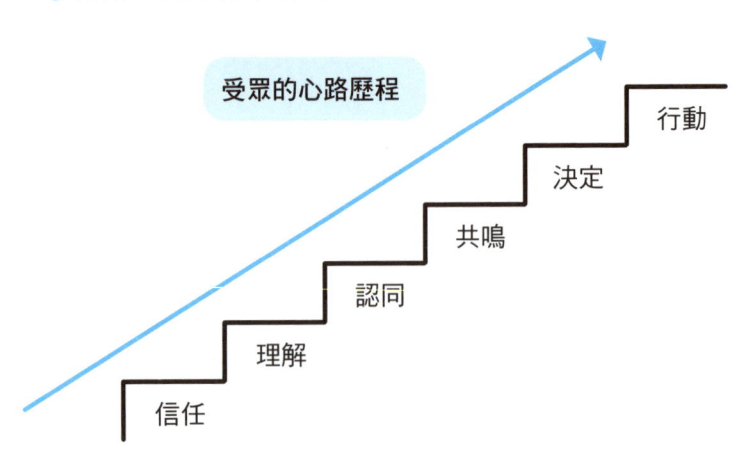

受眾的心路歷程

信任 → 理解 → 認同 → 共鳴 → 決定 → 行動

第一個心理變化是「信任」，我們根本不會接受怪人講的話。如果受眾相信簡報者說的話，接著再看受眾能否「理解」簡報的內容，進而是能否「認同」內容與產生「共鳴」。

　　認同與共鳴的差異在於受眾是否當成自己的事情。就算受眾認為簡報者說的內容非常合理，只要不覺得這些內容有價值，就不會採取行動。所以有必要讓聽眾對內容產生共鳴，之後才會做出「決定」，以及實際採取「行動」。

　　要注意的是，前述的 6 步驟缺一不可。要讓受眾採取行動，就得透過簡報，讓受眾從信任走到採取行動的步驟。

讓受眾採取行動的關鍵

　　要讓受眾走完前述 6 步驟，需要具備成功簡報的 3 個元素：人間力、傳達力與內容力。具體來說，「信任」屬於人間力的部分，「理解」屬於傳達力的部分，「認同」～「行動」的步驟屬於內容力的部分。

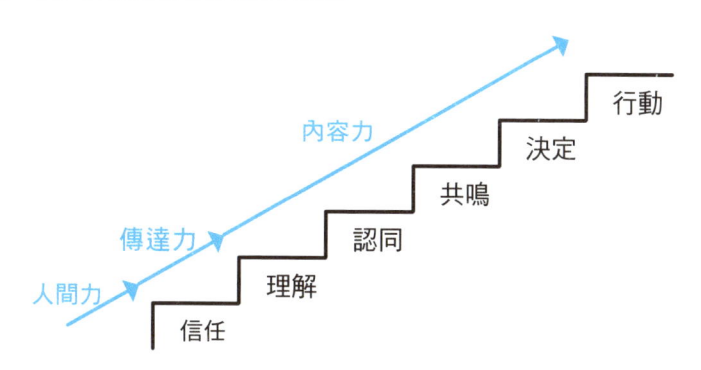

　　如果少了任何一個元素，受眾都不會採取行動，簡報也就失敗了。因此，人間力、傳達力、內容力，缺一不可。

05. 簡報的正確準備方法

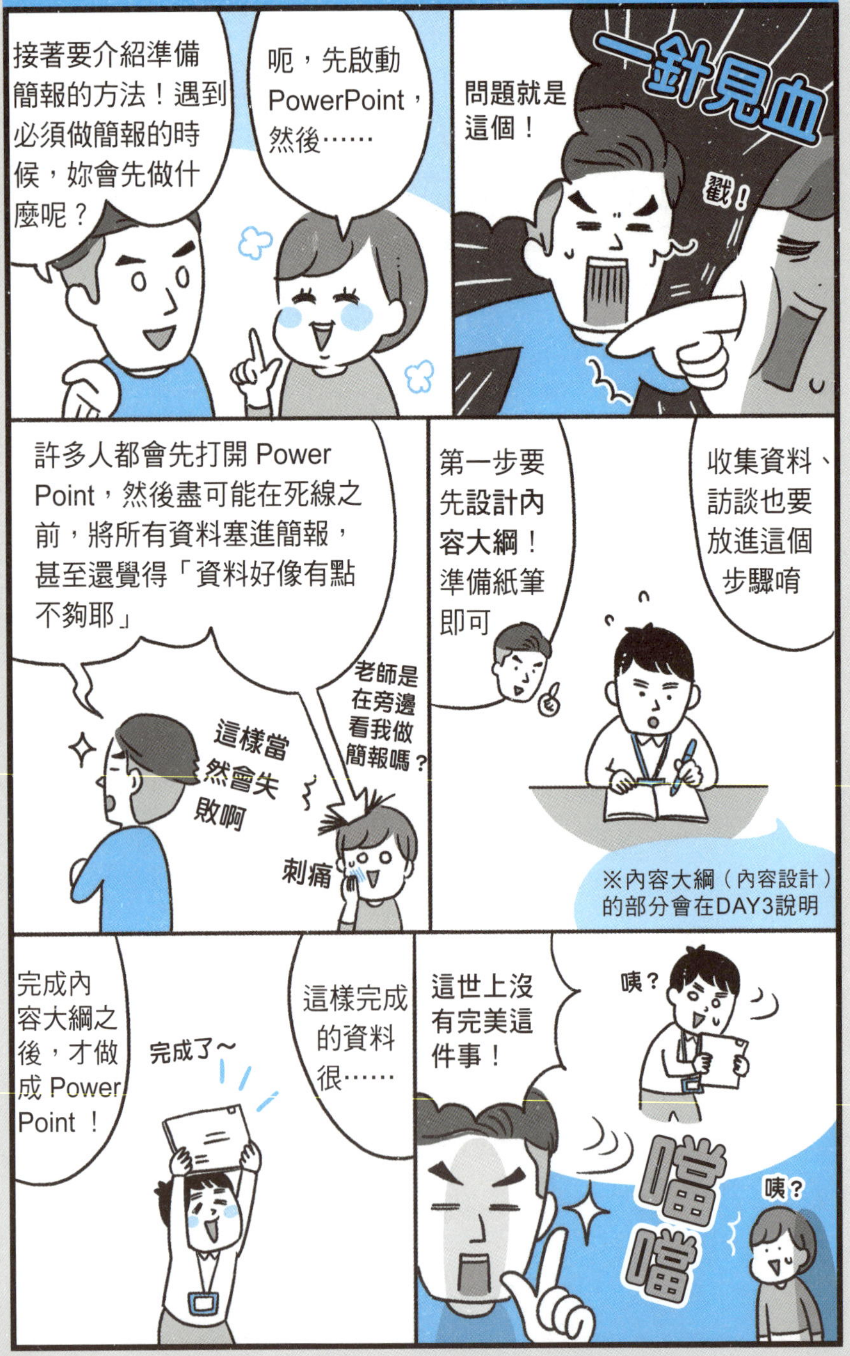

練習你製作好的簡報！
重點在於
這張投影片是不是調個順序比較好懂……
這樣的話，沒辦法在時間之內說完啊
之後就會發現要改善的部分
18:00
修正簡報後再練習，接著再修正、練習……
修正
設計內容
製作簡報
實際演練
正式上場
如此循環下去，妳覺得會怎麼樣？
沒錯！
呃，資料會越來越完美，簡報也會越來越順利？
其實這點很重要！因為有自信的人說的話往往能感動別人
而且會更有自信，知道「簡報一定會順利」！
大方
哦
很多人都沒什麼自信
感謝老師，我學到很多耶
總結來說，設計內容之後，要製作簡報與不斷實際演練，直到有信心為止！這才是正確的準備方法！
今天就到這裡為止！

好的簡報從好的準備開始

大家在準備簡報時,是不是都先打開PowerPoint製作簡報,然後完全不練習就上場?然而,簡報其實有正確的準備步驟。

簡報準備3步驟

正確的準備步驟是:「設計內容→製作簡報→實際演練」,首先,要在設計內容的步驟確定簡報的內容,訪談也是在這個步驟進行。先想好內容,就能提升簡報的品質。

內容確定之後,可進入製作簡報的步驟,也就是利用PowerPoint製作簡報資料的步驟。讓簡報資料變得更簡單易懂,是提升傳達力的祕訣。

資料製作完畢後,接著要進入實際演練的步驟。練習之後,對簡報內容會越來越熟悉,就更能輕易地傳遞內容,進一步提升傳達力。

實際練習之後,應該會發現一些需要修正的內容或資料,此時請試著調整資料,然後再演練看看。反覆執行製作簡報與實際演練這兩個步驟,就能讓簡報變得更精簡,也能讓你在正式上場時更有自信。

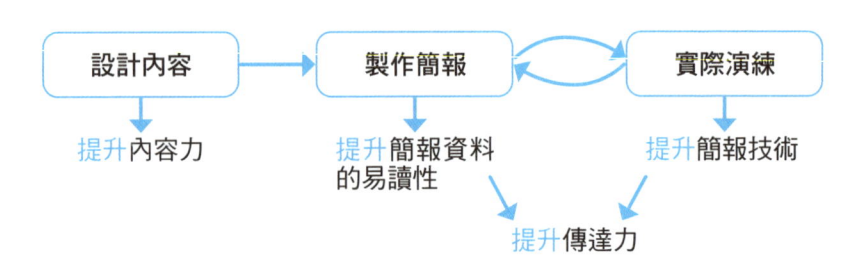

設計內容 → 製作簡報 ⇌ 實際演練

提升內容力　　提升簡報資料的易讀性　　提升簡報技術

提升傳達力

一想到要做簡報就直接打開 PowerPoint，絕對是 NG 的行為。PowerPoint 這類簡報工具的功能很多，能插入圖案或特效，如果劈頭就開始製作簡報，會花太多心力在調整外觀，內容反而會變空泛，建議先寫下簡報要呈現的內容。

直到正式上場之前才完成資料，沒留半點時間進行演練，也是簡報失敗的一大主因。請預留足夠的練習時間，依序完成事前準備的 3 步驟吧。

> **小建議**
> 不先確定內容就開始製作簡報，要改內容時，就必須在 PowerPoint 上修改，等於浪費了時間與精力。

準備簡報時常犯的錯誤

以下是準備簡報時，常見的錯誤示範：

設計內容
- 未釐清簡報的目的
- 受眾無法得到價值
- 不流暢的腳本
- 只說了自己想說的事情
- 沒有提供行動計畫

製作簡報
- 資訊量爆炸的投影片
- 投影片的順序混亂
- 太花俏的特效
- 最後以「感謝各位撥冗參加」的投影片收尾

實際演練
- 沒有預留練習的時間
- 練習的方法不好
- 不了解練習的重要性

原來不能劈頭就打開PowerPoint啊……
我一直以為做簡報就等於PowerPoint
呵呵
PowerPoint是很有趣的軟體，一打開它就會太過在意設計的細節，反而忘了內容的重要性
要設定成圓形還是方形呢？啊，還是讓它會一直彈？
耶
耶
全部說中了……
老師，你是不是都站在旁邊看我做簡報？
還是你有超能力？
沒有，這真的只是常見的錯誤而已啦
謝謝老師的指導！
今天的課也好有趣哦
比起提供「受眾想要的價值」，更該提供的是「潛在價值」啊！我從來都沒想過這些事！

我今天不要吃這個
我煮得很辛苦耶！而且很有營養唷，快吃！
呸
啊，這就是……
只重視功能性，無法感動受眾的簡報！
・很有營養
・花了很多時間煮
未能提供價值
?
咳咳
小奧啊，〇〇先生也很愛吃這個哦
〇〇先生
兒子喜歡的YouTuber
吃了這個，說不定能變得跟〇〇先生一樣帥哦
重視價值的簡報
閃亮閃亮
那我要吃！
太棒了
謝謝老師！
GOOD!!

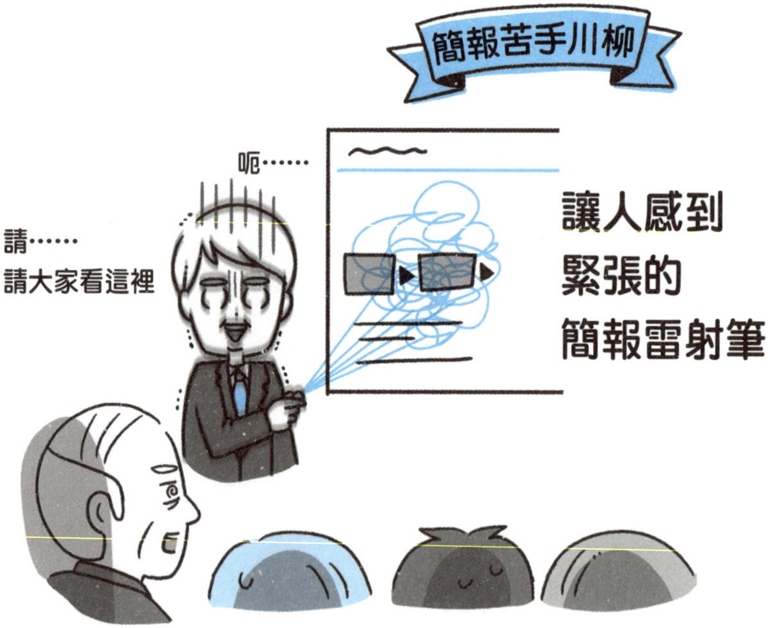
簡報苦手川柳
呃……
請……
請大家看這裡
讓人感到
緊張的
簡報雷射筆

DAY
3

規劃簡報的內容架構

06. 第一步，設定簡報的目標與流程

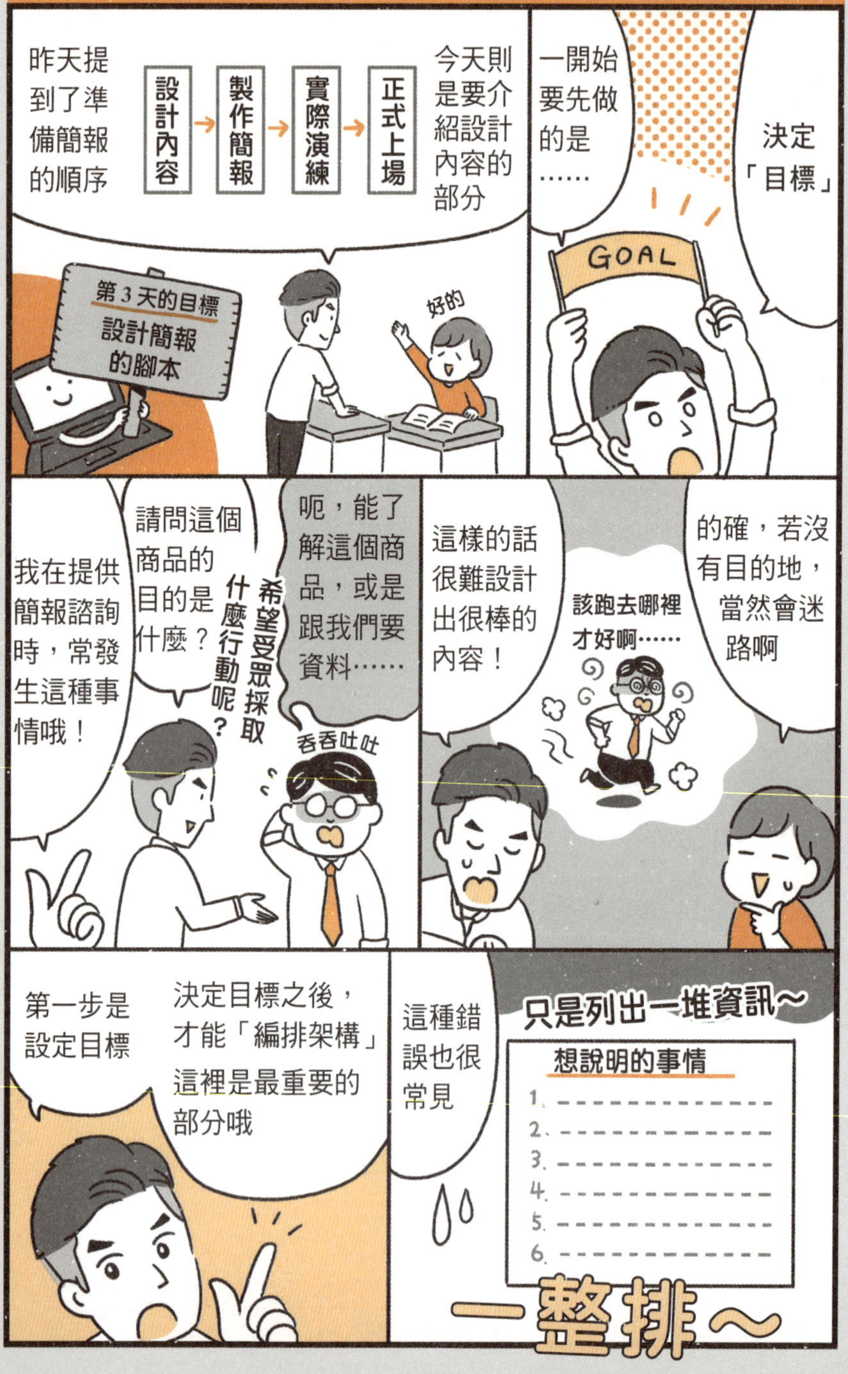

很難理解、很無聊與枯燥
嗯，我說不定也是這樣，那該怎麼辦呢？
叭叭
重點在於「打造流程」
流程？氣的循環很難耶
哈～呼～
妳搞錯了吧……
簡報有種非常有名的方法叫做「整體局部法」
整體局部法
一開始
整體（whole）
局部（parts）
整體（whole）
最後還有一個
就是整體與局部穿插的說明方式哦
最常見的錯誤
部長，這個是這樣，那個是那樣……
你到底想說什麼啊？
是……從局部的內容開始說明
從整體開始說明，就能有所改善唷
所以我提倡的是奠定整體局部法基礎的……
超級整體局部法！
超級整體局部法
噹～噹噹
總覺得這名字有點蠢耶
但很有效果哦！
咕嚕
超級整體

設定目標：讓受眾採取行動

在製作簡報資料時，第一步要先設定目標。若不先設定希望受眾採取什麼行動的目標，就無法設計後續的內容。

運用七何分析法思考

我常常問學員：「這個簡報的目標（目的）是什麼？」許多人這時才開始思考，這正是真正的問題。**在還沒決定目標的時候，就開始製作簡報資料，就會在製作的過程中找不到方向，若是在漫無目的的情況下發表簡報，甚至有可能說到一半不知道自己在說什麼。**

在設計內容之前，請先決定目標，也就是想清楚「希望受眾採取什麼行動」、「希望讓受眾做什麼事情」。

七何分析法（5W2H）能夠幫助我們思考簡報的目標。在我們思考要透過簡報讓受眾產生哪些變化時，可依序思考以下的項目，就能快速決定目標：

- What（什麼）：希望受眾做什麼？
- Who（誰）：希望哪種受眾採取行動？
- Why（為何）：為什麼要採取行動？
- When（何時）：希望何時採取行動？
- Where（何處）：希望在哪裡採取行動？
- How（如何）：希望受眾如何採取行動？
- How much（多少）：希望以多少預算讓受眾採取行動？

> **小建議**
> 在七何分析法之中，最優先要確定的是「What」、「Who」、「Why」這三個，其他的項目則可視情況確定。

建立流程：讓受眾更好吸收

確定簡報的目標之後，就可以立刻開始設計簡報的內容了。可試著替簡報建立流程，避免受眾覺得無聊。

做簡報常見的失敗原因就是列出一大堆資料。如果只是列出一大堆資訊，很難讓受眾記住你到底想要說什麼。

為了避免這類事情發生，就必須替簡報打造流程。流程的好壞，將徹底改變簡報傳遞資訊的能力。

在設計簡報的流程時，整體局部法是不錯的方法。這是一種穿插整體與局部的手法，可在簡報的一開始就先描繪全貌或結論，我將所謂的全貌稱為「要點」，接著則是說明要點的細節，最後再提一次要點。

整體局部法

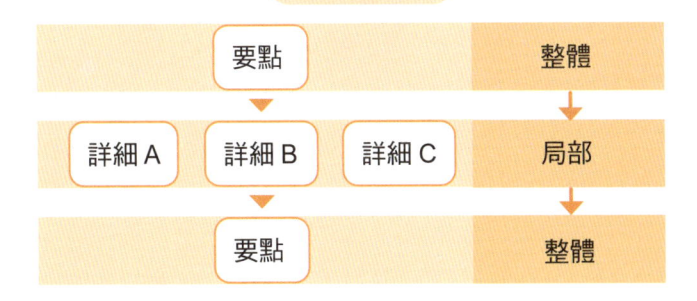

要點	整體
↓	↓
詳細 A　詳細 B　詳細 C	局部
↓	↓
要點	整體

除了能夠「簡單易懂」傳遞訊息，我還希望讓「受眾採取行動」，所以將前述的整體局部法改造成「超級整體局部法」，這個手法會從下一頁開始仔細介紹。

07. 超級整體局部法與前言

超級整體局部法

- 前言
- 要點
- 細節的前提說明
- 細節 A ／ 細節 B ／ 細節 C
- 細節的回顧
- 要點
- 具體方案

超級整體局部法的結構長這樣！

讓人採取行動的簡報範本

這就是超級賽亞人！

簡報內容的第一步是前言！

第一次見到受眾，或是受眾不熟悉這個主題時

讓對方準備接收內容

不要一開始就從要點開始講，先引導受眾，才能讓對方聽懂內容唷

不過，對象若是同事或老客戶，就可能不需要前言。這時候需要臨機應變，自行判斷

不過，該怎麼設計前言啊？

前言

快進入主題啦！

注入靈魂設計的新商品，究竟能否賣得好？

還請您聽聽我的簡報～

用演歌當前言？

【漫畫圖解】上班族必學的 PowerPoint 簡報製作術

適合當前言的話題

這樣的前言就可以了

簡報者的自我介紹
說明自己的部門、公司或職稱,以及說明自己為什麼要做這個簡報。

> 過去10年我擔任運動員的營養師,接下來要介紹飲食生活的重要性!

分享目的與理由
有時候台下的受眾不一定知道自己為什麼要聽簡報,此時可透過前言分享目的與理由。

> 接下來的內容希望能讓所有員工都對今年度的方針產生共識。

目的

讓受眾產生共鳴的周邊話題
不要一開始就講細節,從比較廣泛的話題開始介紹,比較容易引起共鳴。

> 最近○○是這個業界的課題啊。

廣泛的話題 → 細節

的確,有這種前言的話,就能順理成章聽下去吧!

比方說:

> 大家好,我是銷售△△的○○,今天為了□□來做簡報

透過幾個話題引導受眾與營造共鳴吧!

了解!

DAY 3 規劃簡報的內容架構

什麼是超級整體局部法？

簡報 3.0 是「讓受眾採取行動的簡報」。如果要讓受眾實際採取行動，該如何設計簡報呢？我發明的超級整體局部法就是重視這一點的簡報設計手法。

在要點和細節之中加入更多內容

雖然超級整體局部法是以整體局部法為基礎，卻是「最能讓受眾採取行動」的簡報內容設計手法。

整體局部法會依照「要點」→「細節」→「要點」的順序，發表簡報的內容，但是超級整體局部法會在這個流程之中加入一些內容，讓整個簡報更有效果。

具體來說，是在第一個「要點」前面加入「前言」，並在「細節」的前後加入「細節的前提說明」與「細節的回顧」，最後再說明「具體方案」。最後的「具體方案」尤其重要，這也是為了讓受眾在接受訊息後會實際採取行動，是不可或缺的部分。

超級整體局部法

前言
要點
細節的前提說明
細節 A　細節 B　細節 C
細節的回顧
要點
具體方案

從下一頁開始，將進一步說明每個階段的目的與設計方式。

透過前言營造共鳴

不要一開始就先介紹簡報的要點,而是要透過「前言」引導受眾,讓受眾更容易吸收簡報的內容。

分享簡報的背景

簡報的重點之一,就是在開頭的部分放入「前言」。不要劈頭就說明要點,而是要先透過前言,跟受眾分享你做這份簡報的背景。

• 簡報者的自我介紹

自我介紹很能博得受眾的信賴。把你的部門、公司、職稱,或是為什麼你能夠進行這次簡報的原因告訴受眾,就能進一步博得受眾的信賴。

• 受眾有共鳴的周邊話題

建議說一些與簡報主題有關的業界動向。在說明細節之前,先從內容的框架開始說明,比較容易與受眾產生共鳴。

• 分享簡報的目的與理由

與受眾分享簡報的背景,是很有效的前言。

> **小建議**
>
> 前述提到,前言主要是分享簡報的背景。有時候,我們要對不熟悉簡報主題的人或第一次見面的人進行簡報,所以會需要前言,但是對象若是很熟悉這個簡報主題的人,或是平常一起工作的同事,就不需要前言。請視簡報的對象是誰,斟酌是否要加入前言囉。

08. 透過要點展示價值

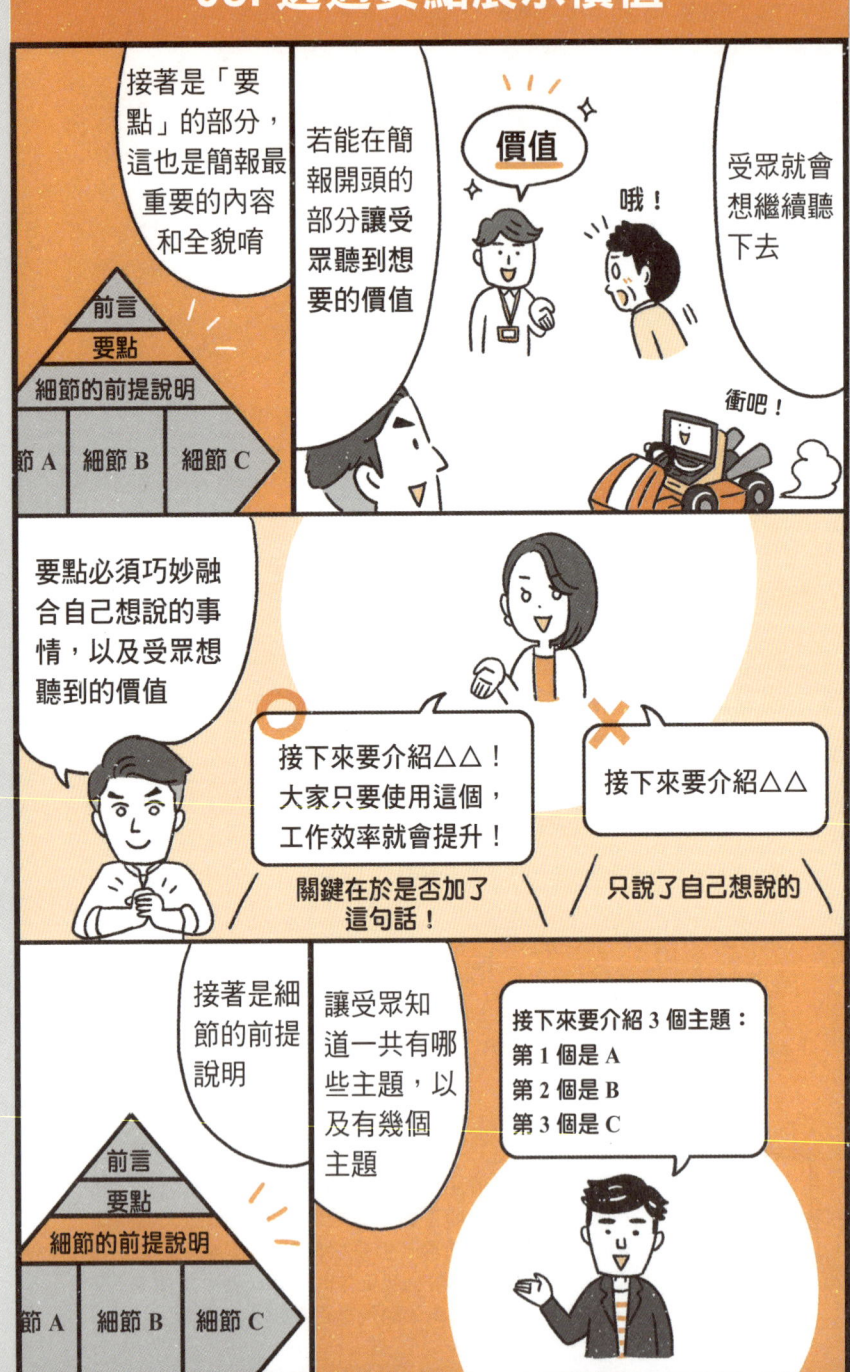

接著是「要點」的部分，這也是簡報最重要的內容和全貌唷

若能在簡報開頭的部分讓受眾聽到想要的價值

價值

哦！

受眾就會想繼續聽下去

衝吧！

前言
要點
細節的前提說明
細節A　細節B　細節C

要點必須巧妙融合自己想說的事情，以及受眾想聽到的價值

○ 接下來要介紹△△！大家只要使用這個，工作效率就會提升！

× 接下來要介紹△△

關鍵在於是否加了這句話！

只說了自己想說的

接著是細節的前提說明

讓受眾知道一共有哪些主題，以及有幾個主題

接下來要介紹3個主題：
第1個是A
第2個是B
第3個是C

前言
要點
細節的前提說明
細節A　細節B　細節C

嗯？
一定要這樣嗎？
要哦！
如果不先讓受眾知道這些事，受眾就會邊聽邊感受到壓力
口若懸河
悶悶
到底要講多久啊？現在講到哪裡了？
不樂
不過，若能在一開始就掌握全貌，就能輕鬆聽完所有內容
現在講到 3 個主題中的第 2 個了
2 的話太少，4 的話有點多
順帶一提，「3」這個數字被譽為魔術數字，是最能讓受眾接受的數字哦！
咦～
就算知道 3 是魔術數字，但有時候想說的內容不是太少就是太多耶？
嗯嗯
嗯嗯
這時候就要將內容整理成 3 個主題啊！
方法會在第 70 頁做介紹！

讓人有值得一聽的感受

「要點」就是想要透過簡報傳遞給受眾的內容，這個部分的重點在於展示「受眾想聽的價值」。讓我們用心設計要點，讓受眾覺得「這個簡報值得一聽」吧。

穿插「受眾想聽到的價值」

進入「要點」的階段後，可以說明自己想說明的事情，例如：簡報最重要的內容或簡報的全貌，但更重要的是，還要穿插「受眾想聽的價值」。

如果能做好這點，受眾就會更願意聽取接下來的內容。因此，要點必須巧妙融合「你想說的內容」及「受眾想聽的價值」。

在設計要點的內容時，可以想想看自己能不能寫出「接下來要說明○○，大家聽完這個簡報後，就能學會○○」的句子。如果想不出這類句子，代表你還不夠清楚自己想說明的內容，或是不知道受眾想聽的價值是什麼。

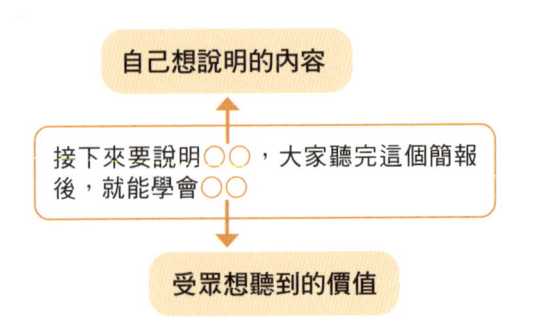

```
        自己想說明的內容
              ↑
    ┌─────────────────────┐
    │ 接下來要說明○○，大家聽完這個簡報 │
    │ 後，就能學會○○           │
    └─────────────────────┘
              ↓
        受眾想聽到的價值
```

前提說明，讓受眾準備接受資訊

在說明「細節」之前，一定要先放「前提說明」。這是很容易被忽略的部分，卻是讓受眾更容易聽懂簡報的關鍵。

說明細節的「數量」與「概要」

不需要把「前提說明」想得太複雜，列舉出你要在「細節」說明的內容就夠了。此時的重點在於讓受眾清楚知道細節的「數量」與「概要」。比方說，「接下來要介紹的內容有 3 個，第 1 個是○○，第 2 個是○○，第 3 個是○○」，讓受眾知道細節的概要與長短，他們就會有接收資訊的心理準備。

先進行前提說明，受眾就能具體了解接下來會聽到什麼內容，也就更容易了解簡報。此外，在進入細節之前就先了解簡報的全貌，也能讓受眾在接受資訊的過程中，清楚知道現在說到哪個部分，才不會越聽越有壓力。

細節的「數量」

「接下來要介紹的內容有 3 個，第 1 個是○○，第 2 個是○○，第 3 個是○○」

細節的「概要」

此外，簡報的內容最好統整為 3 個主題。「3」被譽為魔術數字，是不多不少的分量，也是受眾最能聽懂的分量。建議前提說明的細節也統整為 3 個，接下來會說明將細節統整為 3 個的方法。

09. 細節的基本是邏輯與故事

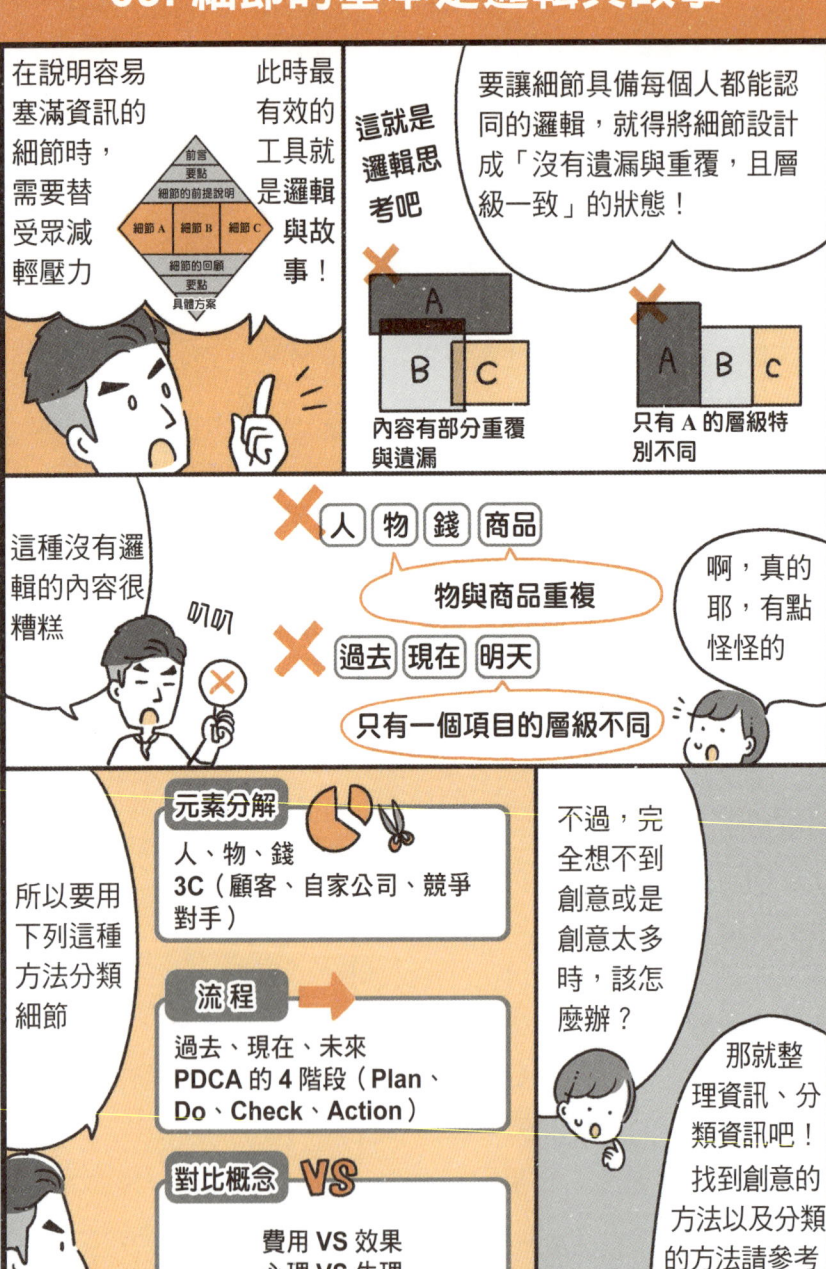

在說明容易塞滿資訊的細節時,需要替受眾減輕壓力

此時最有效的工具就是邏輯與故事!

這就是邏輯思考吧

要讓細節具備每個人都能認同的邏輯,就得將細節設計成「沒有遺漏與重覆,且層級一致」的狀態!

- 前言要點
- 細節的前提說明
- 細節A 細節B 細節C
- 細節的回顧要點
- 具體方案

✗ 內容有部分重覆與遺漏

✗ 只有A的層級特別不同

這種沒有邏輯的內容很糟糕

叨叨

✗ 人 物 錢 商品
→ 物與商品重複

✗ 過去 現在 明天
→ 只有一個項目的層級不同

啊,真的耶,有點怪怪的

所以要用下列這種方法分類細節

元素分解
人、物、錢
3C(顧客、自家公司、競爭對手)

流程
過去、現在、未來
PDCA 的 4 階段(Plan、Do、Check、Action)

對比概念 VS
費用 VS 效果
心理 VS 生理

此時就不一定要求細節只能有三個了!

不過,完全想不到創意或是創意太多時,該怎麼辦?

那就整理資訊、分類資訊吧!找到創意的方法以及分類的方法請參考本章節內容!

另一個重點是故事！能夠打動人心的故事！
為了做出世界第一的簡報，勇者與夥伴展開旅程了
故事……
好宏偉啊……
最簡單的就是口碑！明明只是某個人的主觀意見，但我們常常會參考對吧
嗯嗯，一看到就會想去試試看
邊走邊吃太郎
選這家吃午餐真的是中大獎了！炸蝦超酥脆，多蜜醬超美味！我一定還會再來！
換言之，就是加入親身體驗或是具體的例子
我實際用過之後，覺得〇〇！
客戶A實際採用後，業績也成長不少！
只要是人，都喜歡故事，都會莫名產生共鳴
呵呵呵
啊，邪惡的臉！
透過理論說服，透過故事打動人心吧！
遵命！
故事
邏輯

邏輯影響認同，故事帶來共鳴

簡報的核心是「細節」，由於細節的分量有可能太多，怎麼說明也說不清楚，所以此時需要的是「邏輯」與「故事」。

透過「邏輯」讓對方認同

「細節」的目標是進一步說明「要點」的內容，讓受眾認同或產生共鳴，而細節的內容最好能分成 3 大元素，也就是魔術數字 3，這也是讓受眾認同的關鍵。

想要合理分類細節的元素，可使用 MECE 這個框架。MECE 是 Mutually Exclusive Collectively Exhaustive（相互獨立，互無遺漏）的縮寫，也是邏輯思考的一種方法。隨著觀點的不同，以 MECE 分類的方式也不同。

觀點	範例
元素分解： 透過組成元素分解主題	• 「經營資源」→「人力」、「物資」、「資金」 • 「3C」（行銷用語）→「客戶」、「競爭對手」、「自家公司」
流程： 利用時間軸或步驟分類	• 以時間軸分類→「過去」、「現在」、「未來」 • 以PDCA循環分類→「Plan」、「Do」、「Check」、「Action」
對照概念： 透過對照的元素分類	• 二元對立→「費用」和「效果」、「心理」和「生理」

讓元素的層級維持一致，就更能說服受眾。比方說，在介紹「經營資源」的細節時，通常會使用「人力」、「物資」、「資金」這種 MECE 的分類方式說明，但如果在這時候加入「商品」，就會讓受眾覺得，「商品」的定義似乎比其他三個元素的範圍更狹窄，而且也與「物資」重覆，就違反了 MECE 的原則。

　　利用 MECE 的方式分類元素時，如果過於瑣碎，會讓簡報變得只是塞滿一堆資訊，也無法讓受眾留下深刻的印象。為了避免這類事情發生，替資料分組是不錯的方式。以「經營資源」的簡報為例，若想說明「員工」、「夥伴」與「客戶」，可先將這三者分成「人力」一類，先針對這一類說明，就能讓簡報變得更簡單易懂。

　　如果想不到簡報該怎麼做，可試著透過「發想」、「簡約」、「摘要」、「選擇」的流程尋找創意。第一步先將所有想法寫在便條紙上面（發想），接著替這些想法分類（簡約），再替這些類別命名（摘要），最後決定要在簡報介紹的類別（選擇）。建議大家不要超過 3 類。

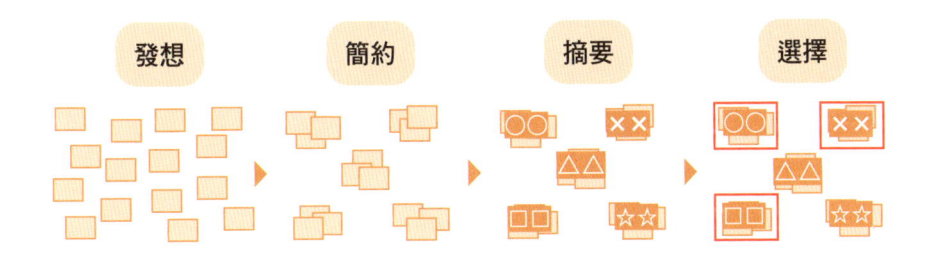

| 發想 | 簡約 | 摘要 | 選擇 |

透過故事讓受眾產生共鳴

　　簡報要列出客觀的資料，有憑有據的資料才能說服受眾，但光是這樣，受眾是不會採取行動的，所以還要在簡報放入口碑等具體實例，也就是所謂的「故事」。

　　比方說，當你透過 Google 地圖評論挑選店家時，是不是會根據分數縮小選項範圍？接著會讀一下其他人的評論，再從中選擇喜歡的店家。這些評論就是所謂的故事。比起客觀的資料，這些評論都是其他人非常主觀的感想，像是「跟朋友吃得很開心」、「家人都很喜歡」等內容，卻能夠感動人心。所以在簡報放入故事，很能引起受眾的共鳴。

10. 重複重點，用具體方案收尾

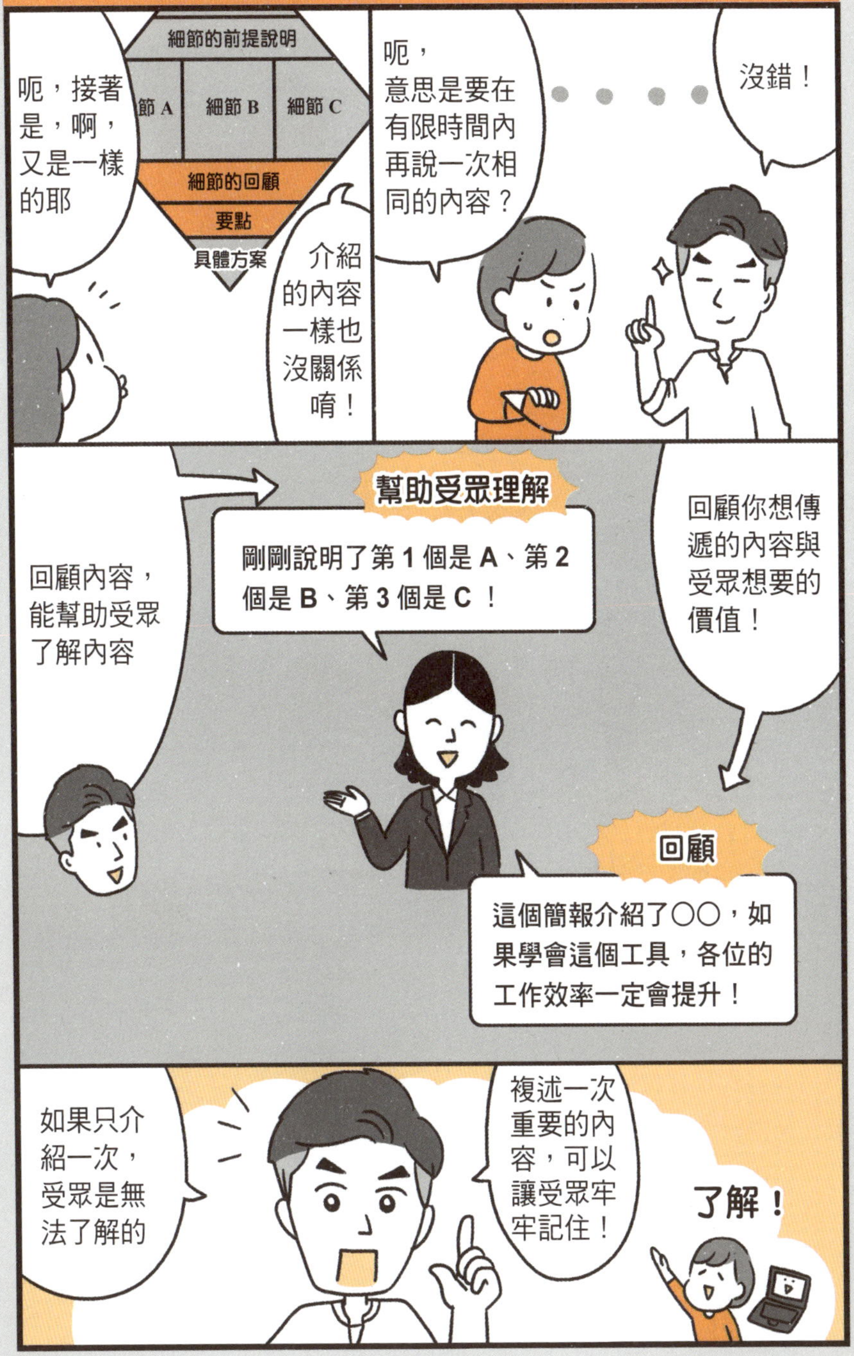

最常見的是商品名稱只在開頭提了一次，然後就此絕口不提的情況
這麼一來，就算受眾有興趣，也不知道該怎麼搜尋
說明就到此為止
實際演練
喜歡是喜歡，但不知道商品叫什麼名字
的確是這樣
咚咚
重要的內容就是要不厭其煩地一直說明！
前言
要點
細節的
前提說明
細節
細節
的回顧
要點
具體
方案
要將這句話記在心裡！
要點與細節組成的漢堡！
哇啊
好吃
好吃
……
要不厭其煩地說明重點
聽懂了嗎？
好纏人啊！

最後是具體方案！
這是為了讓受眾能夠立刻採取行動的「行動計畫」唷
前言
要點
細節的前提說明
細節 A
細節 B
細節 C
細節的回顧
要點
具體方案
開始！
立刻就能執行？
剛剛介紹了○○，有興趣的話，請到官方網站查詢！
剛剛介紹了○○！還請大家購買
能夠立刻執行的行動長這樣！
當然與最初設定的「目的」有關
GOAL
GOAL
咚
咚
好像可行！
立刻就能執行！
門檻太高，難以執行
這個行動的門檻不能太高，也不能太低
請試著設定適當的門檻
多高才算高？
多低才算低？

太棒了，這樣就完成設計內容的階段了！
哇 啊
給我等一下！
最後還要加點料！
在這個資訊氾濫的時代裡，沒有加點料，營造震撼感，受眾只會左耳進，右耳出而已
加料？
撒撒
撒撒
呀！
讓簡報多點震撼感的技巧
可以試著這樣微調哦
吸睛的數字
日本每年浪費食品的重量已經超過 500 萬噸！
500 萬！
展示
請實際摸摸看！
讓受眾摸摸商品，就能讓對方留下深刻的印象
故事
例如第 71 頁所述，聽過的故事比較容易記住
口碑
具體範例
親身體驗
的確，這樣就能留下深刻的印象！
到目前為止，已經介紹了簡報的架構
明天要具體說明簡報資料的設計方法！會用到 PowerPoint
哦哦，我等這天等了好久！是 PowerPoint 耶！
不過，嚴禁使用那種跳來跳去的特效哦
啐……

反覆說明重點,洗腦受眾

進行簡報時,受眾的理解程度其實不如簡報者所想像的好,所以要記得一再重覆提及重點。說明簡報最重要的「細節」之後,記得回顧一次細節,試著打動受眾的心。

透過「邏輯」說服受眾

「回顧」與「前提說明」一樣,都是說明細節的內容,如此一來,受眾才能留下深刻印象,也更容易了解內容。

「回顧」之後,請再提一次「要點」。**不斷重覆提及重點,將內容植入受眾的腦海。**

簡報最常見的問題就是只在開頭提到商品名稱,這會讓中途開始聽簡報的人,或是沒聽到商品名稱的人不知道商品名稱是什麼,也無法搜尋商品。就算內容設計得再精美,也無法達成「讓受眾了解商品」這個目的,所以請記得重覆說明重點,讓受眾能夠了解內容。

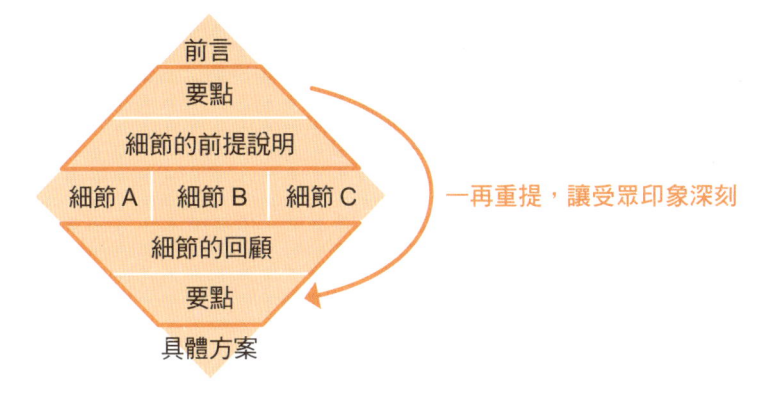

```
        前言
        要點
    細節的前提說明
 細節A  細節B  細節C    一再重提,讓受眾印象深刻
     細節的回顧
        要點
      具體方案
```

提出具體方案,讓受眾採取行動

前述說明了如何做出能讓受眾輕鬆了解內容的簡報,但最後,必須回歸到如何讓受眾真的採取行動。因此,我們要提出方便受眾採取行動的「具體方案」,為他們預先鋪路。

提出「可以立刻執行」的具體方案

簡報的最後就是「具體方案」,也就是讓受眾能夠立刻採取行動的具體計畫。**具體方案的重點在於「門檻不要太高」**。基本上,人類在採取行動之前是會猶豫的,所以能夠讓人立刻執行的計畫,十分重要。

比方說,若在簡報的最後提到「還請大家務必選購」,反而有可能讓受眾裹足不前,但如果說成「目前這項商品已經有專屬網站,還請大家前往瀏覽」,受眾就有了立刻可以做的事情。若沒有踏出第一步,就不會有後續的動作,因此簡報的最後請提出能夠立刻執行的具體方案。

具體方案要與一開始設定的目標互相呼應,當然也可以將簡報的目標直接設定為具體方案,但如果很難讓受眾立刻採取行動,最好是提一個門檻較低的具體方案。

具體方案	→	目標
請瀏覽商品的專屬網站		讓受眾購買商品

營造震撼感，加深印象

如果根據超級整體局部法編排了簡報的內容，最後要記得加點「震撼效果」。在這個資訊氾濫的時代，簡報若具備一些讓人印象深刻的元素，比較容易讓受眾採取行動。

必要的「震撼效果」

從「前言」到「具體方案」，這已經是簡報應具備的完整架構。若能再加上一點「震撼的效果」，就能讓受眾更印象深刻。

我們的生活周遭充斥著資訊，不管簡報的內容再好，也有可能隔天就遺忘，為了避免這種事發生，可試著在簡報中加點吸睛的效果，例如：

- 實體的展示
- 感人的故事
- 驚人的數據

以商品的簡報為例，如果有實體商品可以讓對方拿在手上端詳，印象會更深刻。此外，在說明細節時，若能搭配一些故事或親身體驗，抑或放入一些驚人的數據，都是非常不錯的方法。多在簡報放入與眾不同的元素，就能打動受眾的心，讓受眾願意採取行動。

實際來設計簡報吧！

接下來要利用前述介紹的方法，實際設計簡報的內容。這裡要設計的是「建議客戶拍攝 Vlog」的簡報。大家也可以參考這個範例，設計「我推薦○○」這類主題的簡報。

步驟①：設定簡報的目標

大家聽過 Vlog 嗎？ Vlog 是 Video Blog 的簡稱，就是影片部落格的意思。這裡我們要以推薦客戶拍攝 Vlog 的主題，試著設計簡報內容。

第一步要先設定簡報的目標。運用七何分析法，一步步釐清「What」（希望對方做什麼？）或「Who」（希望誰做這件事）等，藉此設定目標。我設定的目標如下：

- What：希望對方拍攝 Vlog
- Who：希望留下美好記憶的人

Where 與 When 在這個主題不太重要，所以先不決定。總之，先以「希望對方拍攝 Vlog」這件事為目標。

步驟②：前言

設定了簡報的目標之後，接著要從「前言」開始設計。我以「回憶是無價的」這句耳熟能詳的名言開頭，當作能引起眾人共鳴的話題；再於「簡報者的自我介紹」提到自己拍攝 Vlog 的經驗，讓對方知道為什麼我如此推薦 Vlog。

步驟③：要點

「要點」除了包含想要傳遞的訊息，還要加入受眾想聽到的價值。這次想要傳遞的訊息是「希望對方拍攝Vlog」，但是拍攝Vlog能為受眾帶來什麼價值？例如：「能夠鮮明地回憶過去」或「Vlog本身就是難得的寶物」，要把這些價值與想傳遞的訊息放在一起，做為簡報的「要點」。

步驟④：細節

在設計「細節」時，要依序透過「發想」、「簡約」、「摘要」、「選擇」這4步驟尋找創意。這次的範例準備針對「回憶變得鮮明」、「更有機會回顧過去」、「Vlog會成為人生的寶物」這些進行說明。這就是以「元素分解」的方式拆解Vlog的優點。

步驟⑤：具體方案

接著要設計讓受眾採取行動的「具體方案」。突然要拍攝Vlog實在太困難，所以要以「在YouTube觀賞Vlog」，這種任何人都能立刻付諸行動的內容做為具體方案。

步驟⑥：追加震撼效果

按部就班設定簡報的架構之後，最後要加上「震撼效果」。追加「實際學會拍攝Vlog的方法之後，就更有機會回顧過去」的親身體驗，透過故事讓受眾採取實際行動。

前述就是這次的簡報內容。大家可透過以下的表格試著實際設計內容。可以從範例檔中下載這張表格（下載方法請見「本書特色和使用方法」）。

項目		內容		
前言		大家都知道回憶是無價的，但是我們真的能鉅細靡遺想起快樂的往事嗎？再怎麼快樂的往事，若是想不起來，就沒有任何意義吧？習慣在週末創作的我（接續下格）		
要點		想要推薦「Vlog」，這個將回憶拍成影片的方法。Vlog可以讓回憶變得更加鮮明，也能成為重要的寶物。接下來，要說明拍攝 Vlog 的 3 個好處。		
細節		A	B	C
	前提說明	回憶變鮮明	增加回顧的機會	成為人生的寶物
	說明	照片只有影像，但 Vlog 還包含聲音，所以比照片更能鮮明地呈現回憶，而且還能配上自己喜歡的音樂。	找照片有點麻煩，所以很少有機會回顧回憶吧？透過 YouTube 管理 Vlog，就能隨時回顧快樂的回憶。其實我學會拍攝 Vlog 之後，就更常回顧回憶了。	能擷取瞬間的照片很棒，但是 Vlog 需要花時間編輯，越花時間，就會越珍惜自己的作品，所以每個 Vlog 也都會成為無可取代的寶物。
	回顧	回憶變鮮明	增加回顧的機會	成為人生的寶物
要點		因此，除了拍攝照片，若能拍攝 Vlog，你的回憶將成為更美的寶物。		
具體方案		首先想請你看看 Vlog 究竟是什麼東西，請在 YouTube 搜尋「Keiichiro Takahashi」，看看我的頻道，你一定會覺得 Vlog 很有趣。		

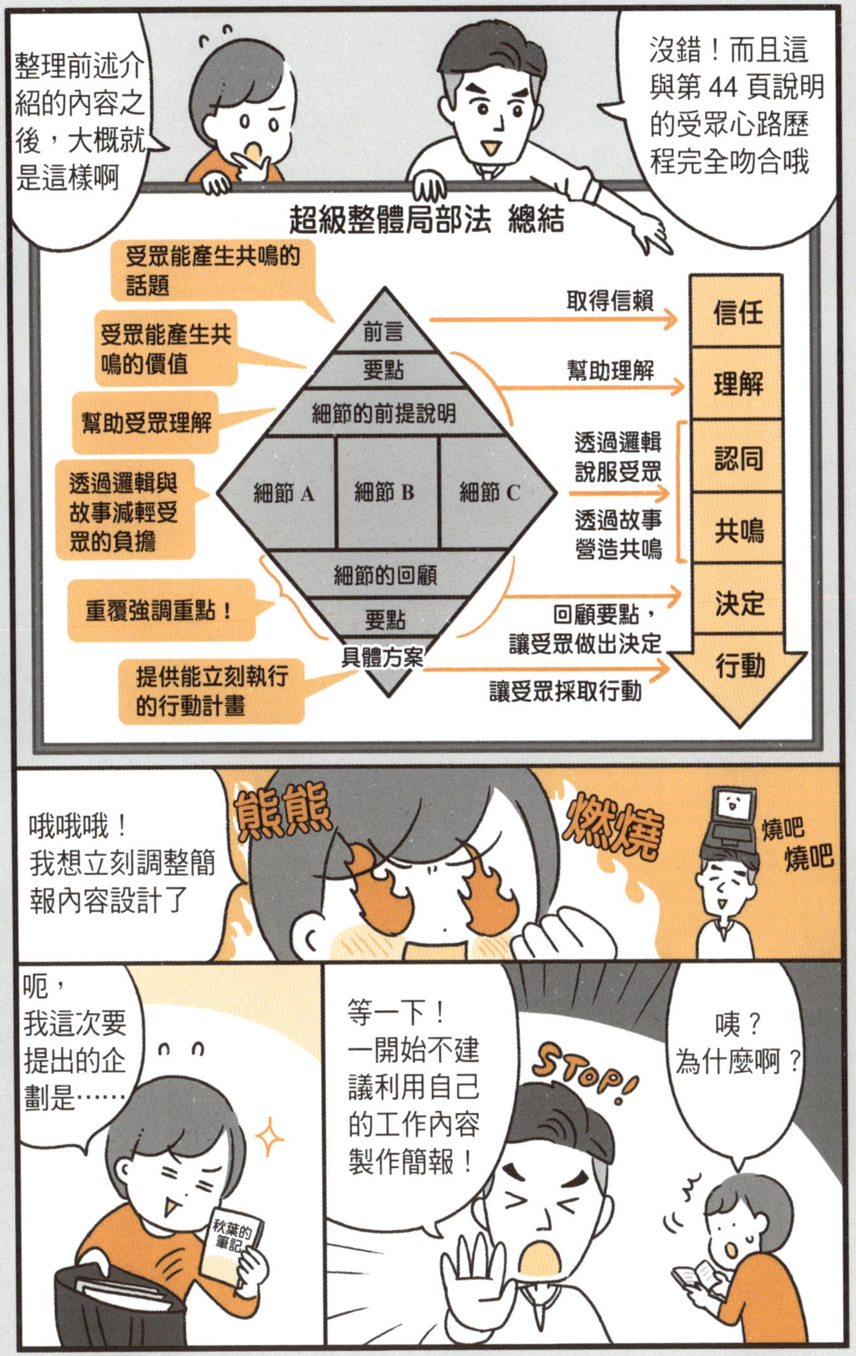
整理前述介紹的內容之後，大概就是這樣啊
沒錯！而且這與第 44 頁說明的受眾心路歷程完全吻合哦
超級整體局部法 總結
受眾能產生共鳴的話題
受眾能產生共鳴的價值
幫助受眾理解
透過邏輯與故事減輕受眾的負擔
重覆強調重點！
提供能立刻執行的行動計畫
前言
要點
細節的前提說明
細節 A
細節 B
細節 C
細節的回顧
要點
具體方案
取得信賴
幫助理解
透過邏輯說服受眾
透過故事營造共鳴
回顧要點，讓受眾做出決定
讓受眾採取行動
信任
理解
認同
共鳴
決定
行動
哦哦哦！我想立刻調整簡報內容設計了
熊熊
燃燒
燒吧 燒吧
呃，我這次要提出的企劃是……
秋葉的筆記
等一下！一開始不建議利用自己的工作內容製作簡報！
STOP!
咦？為什麼啊？

我常在研修課程上遇到這種學員
當機中
呃……
就算是簡單的主題也常常會這樣唷
才剛學會簡報的設計方法，就挑戰這麼難的主題，很容易受挫！
原來如此，先模仿範例對吧？
嘿咻！
推薦的APP
什麼都可以！
先從跟本業無關的主題開始練習吧
例如這些主題：
推薦的休假方式
喜歡的書籍或漫畫
呃，也算是不錯的主題啦……
有好吃的起司……
雞皮
鏘鏘
來挑戰「我推薦的酒或下酒菜」吧！呵呵
那麼……

DAY 3 規劃簡報的內容架構

簡報苦手川柳

沒計畫
輕飄飄的簡報
很煩人

DAY 4

善用編排，
展現你的豐富想法

11. 簡報資料的編排思維

【漫畫圖解】上班族必學的 PowerPoint 簡報製作術

從今天起,要介紹將之前規劃好的內容做成投影片的方法唷

第 4 天的目標 打造投影片的架構

關於簡報資料的編排方式

不管內容多麼好

簡報的編排 / 簡報的內容

只要編排不佳就很難閱讀

我認為編排也是簡報的一部分哦

所以也要多花一點心思編排!

第一眼看到這張投影片,你覺得怎麼樣?

業務介紹(簡報培訓)

簡報培訓

Chapter 1 思考本質 / Chapter 2 規劃內容 / Chapter 3 編排簡報 / Chapter 4 實際演練

1. **學習從構想內容到上台發表的所有必備要素**
   為了進行成功的報告,你需要設計能打動聽眾心靈的內容,並設計容易理解的投影片。在本次培訓中,將能夠全面學習所有要素,例如:如何表達你想傳達的資訊。

2. **透過實際演練,獲得立刻就能派上用場的技能**
   內容再好,光聽是學不會的。培訓包括建立內容、投影片設計和演講技巧等部分,透過實際練習各個部分,可以立刻在明天的工作發揮效用。

算是很常看到的簡報吧,文字很多,不知道該從哪邊開始讀

問題① 資訊的排列

每個人看到這種簡報都會開始閱讀資訊

無法專心聽簡報者說什麼

問題② 凌亂的編排

不知道哪個部分是重點,也不想聽下去

人們沒有辦法邊閱讀邊聽別人說話!

的確,這讀起來很累

090

那這樣如何？
工整的編排
井井有條的資訊
簡報培訓
Chapter 1 思考本質
Chapter 2 規劃內容
Chapter 3 編排簡報
Chapter 4 實際演練
涵蓋所有要素
● 一網打盡的課程
● 一次性學習所有內容
帶入實戰演練
● 各部分都有練習
● 內容實用，可立即運用至工作
啊，這樣很容易閱讀，一下子就記住了！
也會更想聽簡報對吧？簡報資料不能造成受眾的負擔哦
這時候需要的是
咔鏘
資訊的斷捨離
蛤～我超不會斷捨離的
要讓收集到的資訊越來越精簡
先放再說的資訊
咻咻
咻咻
資訊
放了比較好，但當天口頭不會提到的資訊
對受眾來說，不太重要的資訊
如此一來，資訊就會變得精簡
之後只要設計得當就沒問題了！
資訊
設計方法請參考第 110 頁
不過，篩掉太多資訊的話，會不會沒辦法說清楚想說的內容啊？
呵呵呵，沒問題的，接下來要替你消除這種不安

簡報的外包裝

如果說內容架構是簡報本身的核心,那麼編排就是最外層的包裝。不管是簡報的內容還是編排,都是簡報非常重要的部分。如果編排不好,那麼就算內容再好,受眾也無法聽進去。編排左右了簡報的成敗。

難以閱讀的簡報資料

請看下圖的簡報資料,你覺得這個簡報的問題在哪裡?

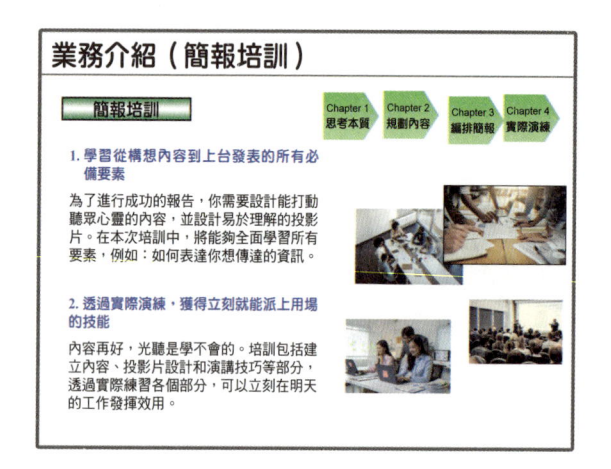

問題之一是列出了太多資訊。這張投影片以文字說明了所有要說的內容。受眾一看到塞滿文字的投影片,就會開始猛讀,但是**大部分的人都無法「邊閱讀,邊聽別人說話」,所以,當投影片塞滿文字,受眾在讀完之前,沒辦法聽進簡報者說的任何內容。**

另一個問題則是編排過於凌亂。乍看之下，不知道該從何處開始閱讀，受眾會在投影片中迷路。一旦開始覺得有壓力，就不會想聽簡報了。

簡單易懂的簡報資料

讓我們看看下圖的簡報資料，應該比左頁的投影片更容易閱讀吧？

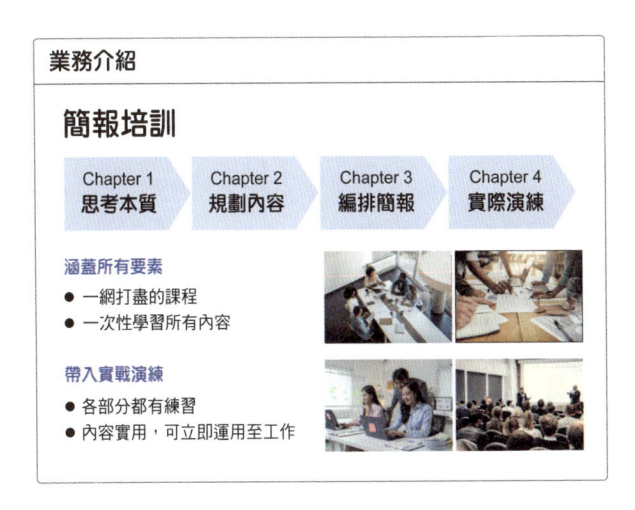

重點在於，不能給予受眾壓力。**要依序釐清受眾最想聽的資訊，再篩選放入投影片的資訊。**

大部分人在製作投影片的時候，都會想要塞進所有查到的內容，但是都不太懂得割捨優先順序較低的資訊，以提升資訊的精簡度，也就是取捨資訊，還請大家務必要做「資訊的斷捨離」。

有些人可能會擔心，捨棄好不容易找到的資訊，會不會讓受眾聽不懂？接下來，我們要說明如何消除這種不安。

12. 簡報工具扮演的角色

【漫畫圖解】上班族必學的 PowerPoint 簡報製作術

在簡報中使用的工具大致有這3種

- 投影片
- 備忘錄
- 書面資料

咦？不能只用同一種工具嗎？之前我都只用一種耶！

不行！其實各種簡報工具都有自己負責的角色唷

投影片

這是方便受眾閱讀的輔助工具，有些資料單憑口頭講解很難懂，需要透過投影片輔助

只放受眾覺得比較重要的資訊

文字太多會造成反效果，重點在於放入3秒內能讀完的文字唷

3秒很短耶，像這樣的話也不行嗎？

維護健康該做的事
1. 均衡的飲食
2. 適度運動
3. 優質睡眠

原來如此

這時候可以套用特效！

3秒內讀完

維護健康該做的事
1. 均衡的飲食

↓

維護健康該做的事
1. 均衡的飲食
2. 適度運動

控制單次呈現的資訊量，也比較容易聽清楚內容

這才是正確使用特效的方法哦！

不是用那種跳跳跳的特效啊……

094

說明的部分要與視覺資訊一致！
其實大部分人都做不到這點
容易理解
A
A.
只有一個可閱讀的內容，視線會停留在該內容上
不易理解
A
A.
B.
C.
閱讀的速度比說話的速度還快，會先閱讀再聽內容
如此就能讓簡報能力大幅提升唷
書面資料
這是幫助受眾複習的工具，可以將所有沒寫在投影片的內容寫在這裡
今天因為時間有限，來不及說明所有細節，所以將細節全部整理成這本手冊，還請你帶回去
這麼一來，就不用擔心割捨太多簡報資料了
把不知道要不要放的內容放在書面資料裡就好
呵
重點是報告完之後再發書面資料！
雖然不是所有簡報都這樣，但如果一開始就發書面資料，很可能因為破梗導致簡報的效果減半哦！
備忘錄
這是簡報者的小抄，可根據簡報者的能力準備，格式也沒有限制
如果有這個小抄，不管發生什麼事都能安心
不過，千萬不要因此照著小抄念稿哦
說個
不停

必備 3 大簡報工具

簡報工具分成「投影片」、「書面資料」、「備忘錄」，這 3 種工具各自扮演了不同的角色，但是很容易被混為一談，帶大家分別了解這 3 種工具的特色。

投影片：輔助視覺

利用投影機將簡報資料投射在布幕上，方便受眾瀏覽的工具。許多人都會花不少心思製作投影片，但其實投影片不是簡報的主角，所以**請把投影片當成「為受眾設計的視覺輔助工具」。說到底，簡報的主角是「簡報者發表的內容」**。

有時候無法只靠口頭說明內容，才需要讓受眾瀏覽簡報資料，因此才要把重要資訊放在投影片裡。**投影片不是簡報者的小抄，不太重要的資訊就要淘汰。**

基本上，一張投影片最好維持在「3 秒內能夠讀懂」的分量。一張投影片如果放了許多資訊，讀起來應該會超過 3 秒，此時可利用特效功能逐次顯示資訊，將單次顯示的資訊控制在 3 秒內的分量。

逐次顯示資訊

維護健康該做的事	維護健康該做的事	維護健康該做的事
1. 均衡的飲食	1. 均衡的飲食 2. 適度運動	1. 均衡的飲食 2. 適度運動 3. 優質睡眠

書面資料：幫助受眾複習

書面資料是發給受眾的資料，主要是印刷品。**功能在於幫助受眾複習，可以將那些沒放進投影片的資訊全部放進書面資料。**此外，我常常被問：「書面資料不能跟投影片一樣嗎？」我的回答是：「這兩種資料的功能不同，要有所區分。」

至於書面資料該何時發給受眾？我的建議是在簡報結束之後，如果在簡報開始之前就發，很有可能會破梗，那就太可惜了。

「今天的簡報到此為止，由於時間的關係，有些細節未能介紹，所以我將細節全部整理成這本手冊。」一邊這麼說，一邊發書面資料，就能安心結束簡報。

備忘錄：簡報者的定心丸

備忘錄是「簡報者的小抄」，簡報者可依照自己的習慣、簡報的狀況，將需要在簡報過程中確認的內容寫成備忘錄。要注意的是，千萬不要因此就拿著備忘錄念稿，這樣會變成只為了念完所有資料的簡報。

小建議
一起了解各項工具的差異吧！

投影片
備忘錄
書面資料

13. 編排投影片 4 步驟

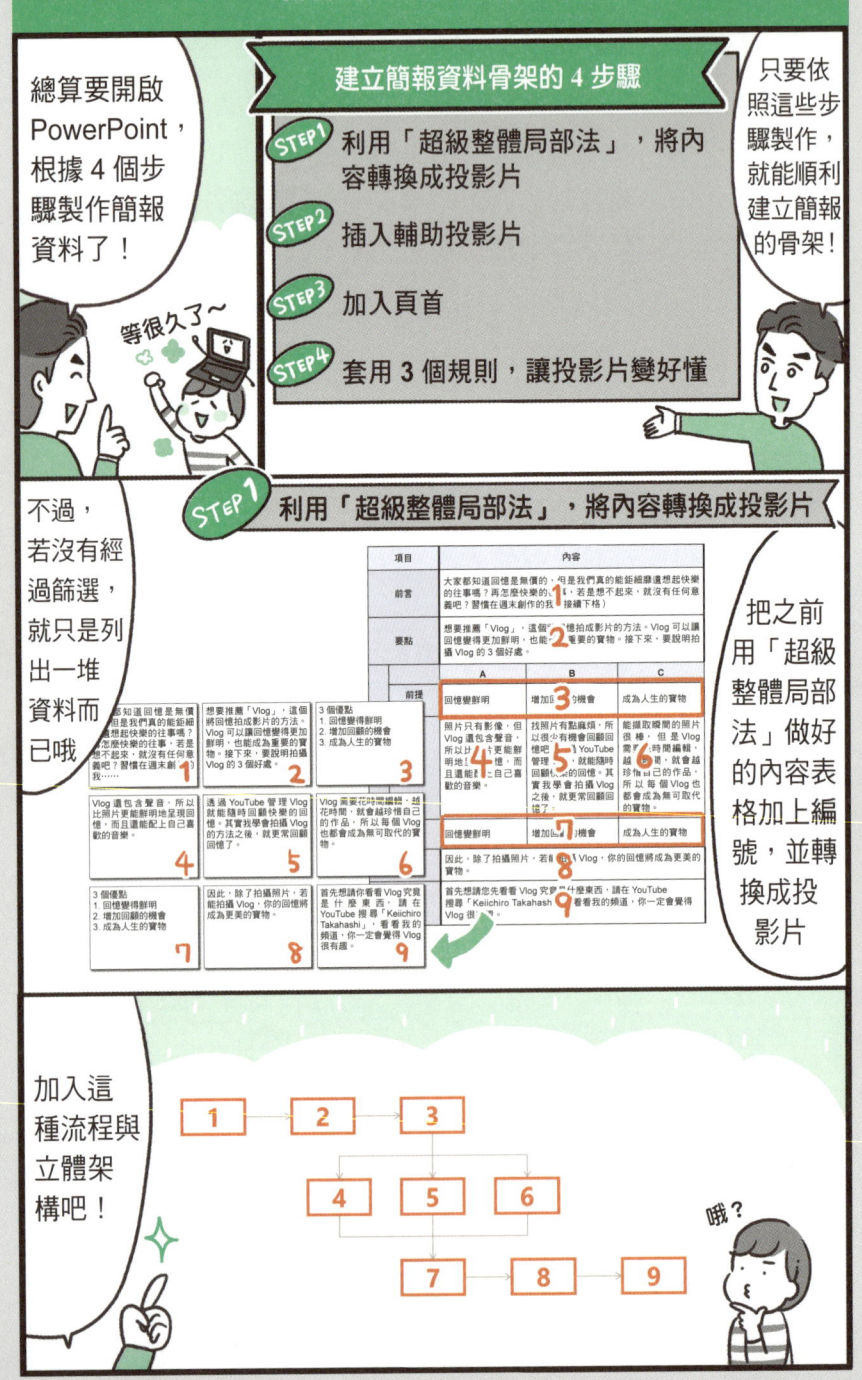

建立簡報資料骨架的 4 步驟

- **STEP1** 利用「超級整體局部法」，將內容轉換成投影片
- **STEP2** 插入輔助投影片
- **STEP3** 加入頁首
- **STEP4** 套用 3 個規則，讓投影片變好懂

總算要開啟 PowerPoint，根據 4 個步驟製作簡報資料了！

只要依照這些步驟製作，就能順利建立簡報的骨架！

STEP1 利用「超級整體局部法」，將內容轉換成投影片

不過，若沒有經過篩選，就只是列出一堆資料而已哦

把之前用「超級整體局部法」做好的內容表格加上編號，並轉換成投影片

項目	內容		
前言	大家都知道回憶是無價的，但是我們真的能鉅細靡遺想起快樂的往事嗎？再怎麼快樂的，[1] 若是想不起來，就沒有任何意義吧？習慣在週末創作的我……接續下格)		
要點	想要推薦「Vlog」，這個 [2] 憶拍成影片的方法。Vlog 可以讓回憶變得更加鮮明，也能 [2] 看重要的寶物。接下來，要說明拍攝 Vlog 的 3 個好處。		
	A	B	C
前提	回憶變鮮明	增加 [3] 機會	成為人生的寶物
	照片只有影像，但 Vlog 還包含聲音，所以 [4] 更鮮明地拍 [4] 地，而且還能配上自己喜歡的音樂。	找照片有點麻煩，所以很少有機會回顧回憶，[5] 是 YouTube 管理，就能隨時回顧 [5] 的回憶。其實我學會拍攝 Vlog 之後，就常回顧過 [5] 了。	能擷取瞬間的照片很棒，但是 Vlog 能夠 [6] 時間編輯，越編越珍惜自己的作品，以每個回憶 Vlog 都會成為無可取代的寶物。
	回憶變鮮明	增加 [7] 機會	成為人生的寶物
		因此，除了拍攝照片，若 [8] 試 Vlog，你的回憶將成為更美的寶物。	
	3 個優點 1. 回憶變得鮮明 2. 增加回顧的機會 3. 成為人生的寶物 [7]	因此，除了拍攝照片，也能拍攝 Vlog，你的回憶將成為更美的寶物。 [8]	首先想請你看看 Vlog 究竟是什麼東西，請在 YouTube 搜尋「Keiichiro Takahashi」，看看我的頻道，你一定會覺得 Vlog 很有趣。 [9]
	Vlog 還包含聲音，所以比照片更能鮮明地呈現回憶，而且還能配上自己喜歡的音樂。 [4]	透過 YouTube 管理 Vlog 就能隨時回顧快樂的回憶。其實我學會拍攝 Vlog 的方法之後，就更常回顧回憶了。 [5]	Vlog 能夠花時間編輯，越花時間，就會越珍惜自己的作品，所以每個回憶 Vlog 也會成為無可取代的寶物。 [6]

首先請您先看看 Vlog 究竟是什麼東西，請在 YouTube 搜尋「Keiichiro Takahashi」，看看我的頻道，你一定會覺得 Vlog 很有趣。

加入這種流程與立體架構吧！

1 → 2 → 3
↓
4 → 5 → 6
↓
7 → 8 → 9

哦？

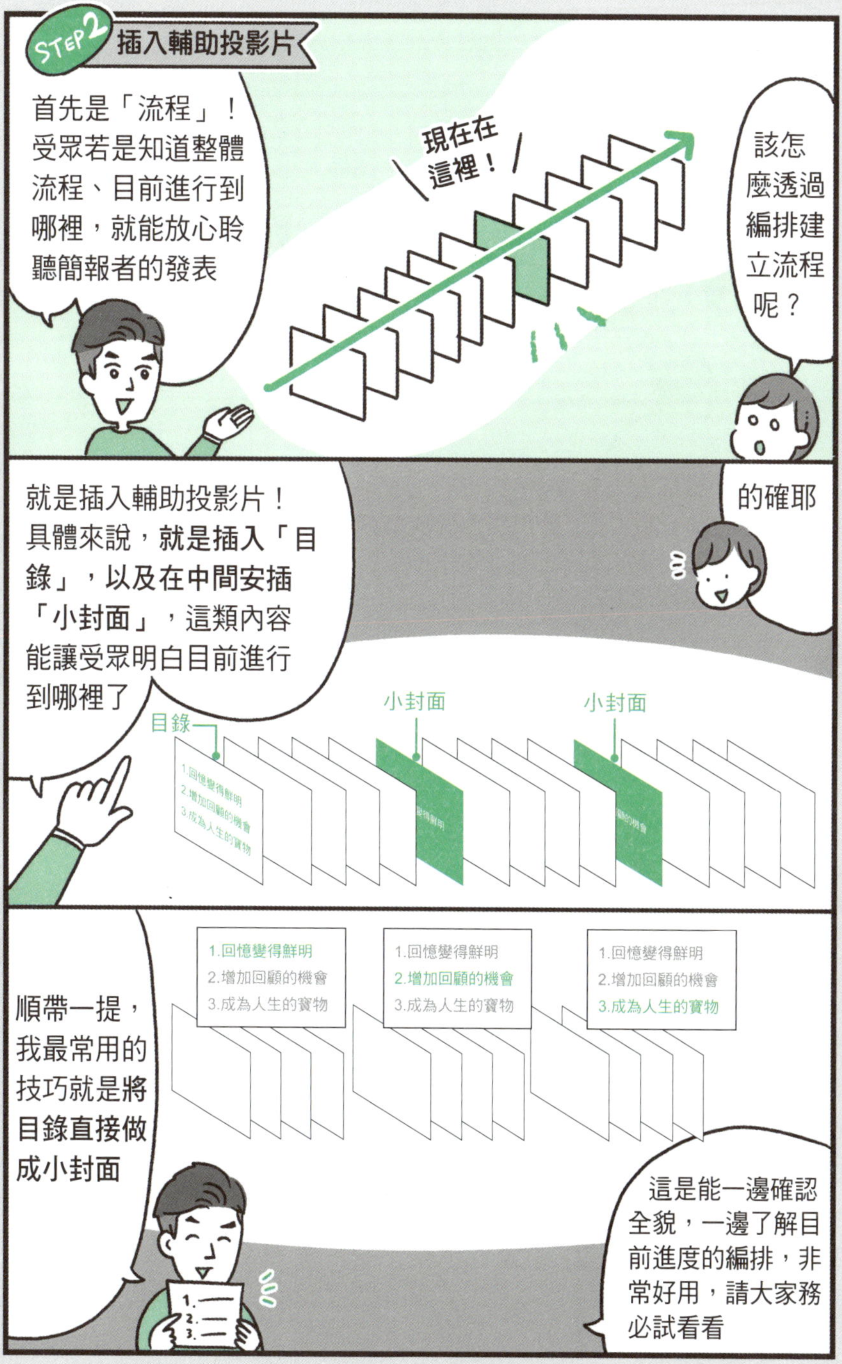
STEP 2 插入輔助投影片
首先是「流程」！受眾若是知道整體流程、目前進行到哪裡，就能放心聆聽簡報者的發表
現在在這裡！
該怎麼透過編排建立流程呢？
就是插入輔助投影片！具體來說，就是插入「目錄」，以及在中間安插「小封面」，這類內容能讓受眾明白目前進行到哪裡了
的確耶
小封面
小封面
目錄
1.回憶變得鮮明
2.增加回顧的機會
3.成為人生的寶物
順帶一提，我最常用的技巧就是將目錄直接做成小封面
1.回憶變得鮮明
2.增加回顧的機會
3.成為人生的寶物
1.回憶變得鮮明
2.增加回顧的機會
3.成為人生的寶物
1.回憶變得鮮明
2.增加回顧的機會
3.成為人生的寶物
這是能一邊確認全貌，一邊了解目前進度的編排，非常好用，請大家務必試看看

STEP 3 加入頁首

在投影片上方說明目前在哪個標題，受眾就不會迷路了！

業務介紹

簡報培訓

Chapter 1	Chapter 2	Chapter 3	Chapter 4
思考本質	規劃內容	編排簡報	實際演練

涵蓋所有要素
- 一網打盡的課程
- 一次性學習所有內容

帶入實戰演練
- 各部分都有練習
- 內容實用，可立即運用至工作

就像是簡報裡的指南針

頁首也能做成立體架構，如此就能一眼看懂各元素之間的關係了

3個優點
1. 回憶變得鮮明
2. 增加回顧的機會
3. 成為人生的寶物

1. 回憶變得鮮明
照片只有影像，但 Vlog 還包含聲音，所以比照片更能鮮明地呈現回憶，而且還能配上自己喜歡的音樂。

2. 增加回顧的機會
找照片有點麻煩，所以很少有機會回顧回憶吧？透過 YouTube 管理 Vlog，就能隨時回顧快樂的回憶。其實我學會拍攝 Vlog 之後，就更常回顧回憶了。

3. 成為人生的寶物
能攝取瞬間的照片很棒，但是 Vlog 需要花時間編輯，越花時間，就會越珍惜自己的作品，所以每個 Vlog 也都會成為無可取代的寶物。

真的耶～

STEP 4 套用 3 個規則，讓投影片變好懂

到這裡，骨架幾乎快完成了，最後要執行的是這個步驟！

透過 3 個規則讓投影片變得更簡單易懂吧！

1. 一張投影片只有一個訊息
2. 越重要的資訊越要保持簡單
3. 不要陳列事實，而是要列出主張

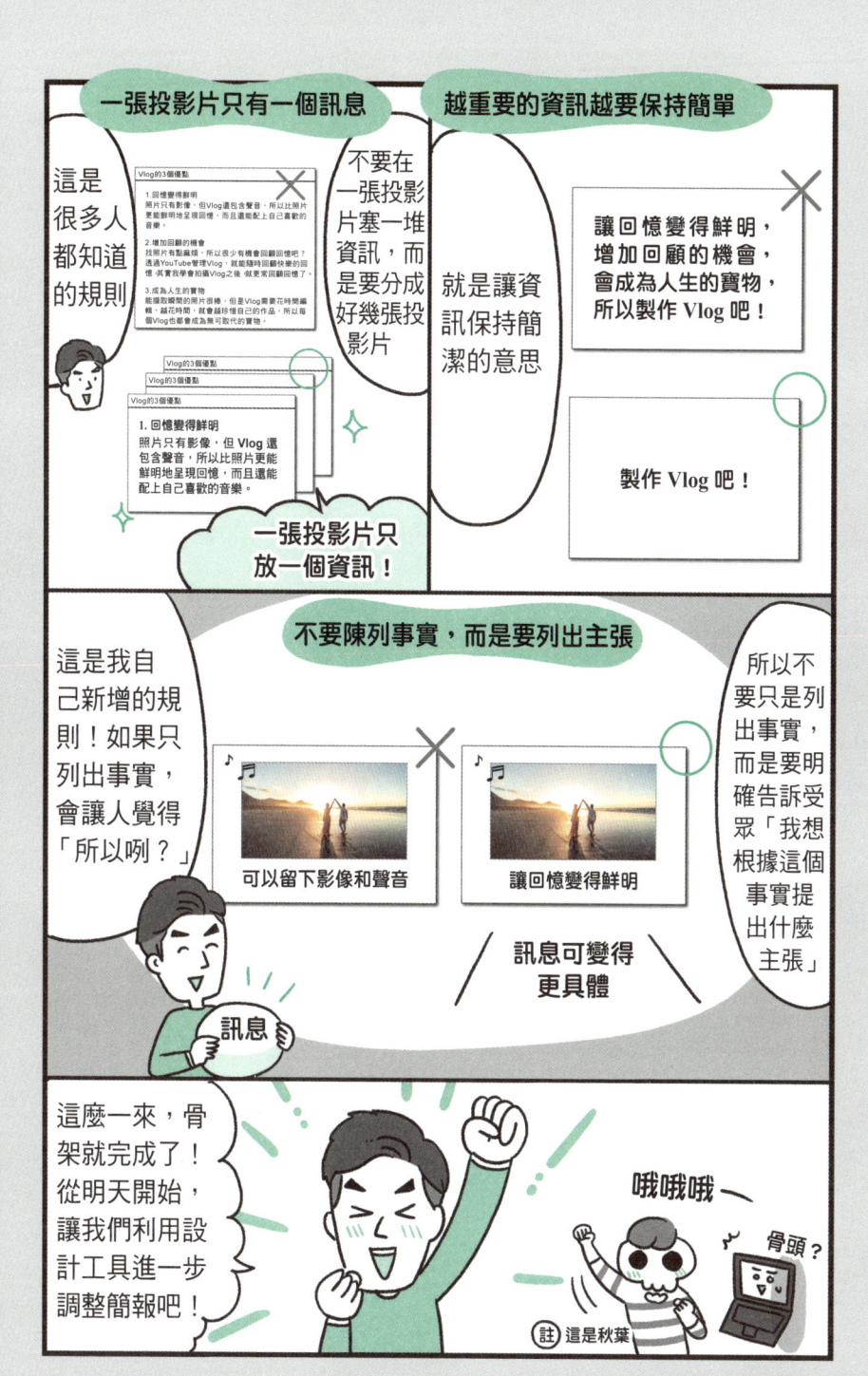

DAY 4 善用編排，展現你的豐富想法

一張投影片只有一個訊息

這是很多人都知道的規則

不要在一張投影片塞一堆資訊，而是要分成好幾張投影片

> Vlog的3個優點
> 1. 回憶變得鮮明
>   照片只有影像，但Vlog還包含聲音，所以比照片更能鮮明地呈現回憶，而且還能配上自己喜歡的音樂。
> 2. 增加回顧的機會
>   拍照片有點麻煩，所以很少有機會回顧回憶吧？透過YouTube管理Vlog，就能隨時回顧快變的回憶－其實我學會拍攝Vlog之後，就更常回顧回憶了。
> 3. 成為人生的寶物
>   能擷取瞬間的照片很棒，但是Vlog需要花時間編輯，越花時間，就會越珍惜自己的作品，所以每個Vlog也都會成為現今時代的寶物。

❌

> Vlog的3個優點
> 1. 回憶變得鮮明
>   照片只有影像，但 Vlog 還包含聲音，所以比照片更能鮮明地呈現回憶，而且還能配上自己喜歡的音樂。

一張投影片只放一個資訊！

越重要的資訊越要保持簡單

就是讓資訊保持簡潔的意思

> 讓回憶變得鮮明，增加回顧的機會，會成為人生的寶物，所以製作 Vlog 吧！

❌

> 製作 Vlog 吧！

⭕

不要陳列事實，而是要列出主張

這是我自己新增的規則！如果只列出事實，會讓人覺得「所以咧？」

所以不要只是列出事實，而是要明確告訴受眾「我想根據這個事實提出什麼主張」

❌ 可以留下影像和聲音

⭕ 讓回憶變得鮮明

訊息可變得更具體

訊息

這麼一來，骨架就完成了！從明天開始，讓我們利用設計工具進一步調整簡報吧！

哦哦哦——

骨頭？

（註）這是秋葉

4 步驟讓投影片更好讀

在製作簡報資料時，可以應用的 4 個步驟分別是「把超級整體局部法內容轉換成投影片」、「輔助投影片」、「加入頁首」、「套用 3 個規則」，只要按部就班，就能順利完成簡報資料的投影片骨架。

將「超級整體局部法」的內容轉換成投影片

首先將第 84 頁的範例，以超級整體局部法製作的內容表格分割成投影片。

項目		內容		
前言		大家都知道回憶是無價的，但是我們真的能鉅細靡遺想起快樂的往事嗎？再怎麼快樂的往事，若是想不起來，就沒有任何意義吧？習慣在週末創作的我（接續下格）		
要點		想要推薦「Vlog」，這個將回憶拍成影片的方法。Vlog 可以讓回憶變得更加鮮明，也能成為重要的寶物。接下來，要說明拍攝 Vlog 的 3 個好處。		
細節		A	B	C
	前提說明	回憶變鮮明	增加回顧的機會	成為人生的寶物
	說明	照片只有影像，但 Vlog 還包含聲音，所以比照片更能鮮明地呈現回憶，而且還能配上自己喜歡的音樂。	找照片有點麻煩，所以很少有機會回顧憶吧？透過 YouTube 管理 Vlog，就能隨時回顧快樂的回憶。其實我學會拍攝 Vlog 之後，就更常回顧回憶了。	能擷取瞬間的照片很棒，但是 Vlog 需要花時間編輯，越花時間，就會越珍惜自己的作品，所以每個 Vlog 也都會成為無可取代的寶物。
	回顧	回憶變鮮明	增加回顧的機會	成為人生的寶物
要點		因此，除了拍攝照片，若能拍攝 Vlog，你的回憶將成為更美的寶物。		
具體方案		首先想請你看看 Vlog 究竟是什麼東西，請在 YouTube 搜尋「Keiichiro Takahashi」，看看我的頻道，你一定會覺得 Vlog 很有趣。		

以這張表格為例，可分成「前言」、「要點」、「前提說明」、「細節 A」、「細節 B」、「細節 C」、「回顧」、「要點」、「具體方案」這 9 張投影片。

大家都知道回憶是無價的，但是我們真的能鉅細靡遺想起快樂的往事嗎？再怎麼快樂的往事，若是想不起來，就沒有任何意義吧？習慣在週末創作的我……	想要推薦「Vlog」，這個將回憶拍成影片的方法。Vlog 可以讓回憶變得更加鮮明，也能成為重要的寶物。接下來，要說明拍攝 Vlog 的 3 個好處。	3 個優點 1. 回憶變得鮮明 2. 增加回顧的機會 3. 成為人生的寶物
Vlog 還包含聲音，所以比照片更能鮮明地呈現回憶，而且還能配上自己喜歡的音樂。	透過 YouTube 管理 Vlog 就能隨時回顧快樂的回憶。其實我學會拍攝 Vlog 的方法之後，就更常回顧回憶了。	Vlog 需要花時間編輯，越花時間，就會越珍惜自己的作品，所以每個 Vlog 也都會成為無可取代的寶物。
3 個優點 1. 回憶變得鮮明 2. 增加回顧的機會 3. 成為人生的寶物	因此，除了拍攝照片，若能拍攝 Vlog，你的回憶將成為更美的寶物。	首先想請你看看 Vlog 究竟是什麼東西，請在 YouTube 搜尋「Keiichiro Takahashi」，看看我的頻道，你一定會覺得 Vlog 很有趣。

不過，若不加以調整，這就只是列出一堆資料的簡報。必須進一步整理這些資料，讓受眾更容易看懂！

輔助投影片：了解整體流程

讓簡報變得簡單易懂的關鍵在於：受眾了解整體的流程，並且知道目前的所在位置。只要知道這兩點，受眾就能安心聽簡報。

所以要加入輔助投影片，具體來說就是在簡報的開頭插入「目錄」，在重要的內容之前插入「小封面」。

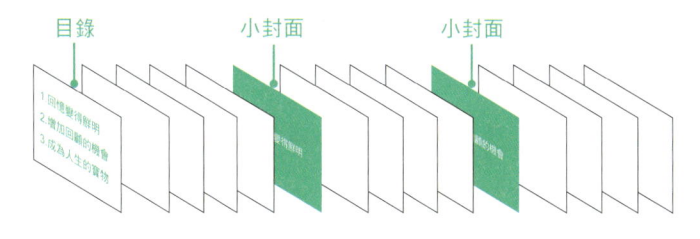

加入頁首：了解所在位置

頁首就是投影片上方的區塊，**在這個區塊放入「目錄」中的標題，告訴受眾現在正在介紹哪個部分，受眾就能輕鬆聽懂內容**。此外，當受眾能夠掌握簡報的「目錄」和「細節」這種架構，就能更了解簡報的全貌。

```
3 個優點
1. 回憶變得鮮明
2. 增加回顧的機會
3. 成為人生的寶物
```

1. 回憶變得鮮明	2. 增加回顧的機會	3. 成為人生的寶物
Vlog 還包含聲音，所以比照片更能鮮明地呈現回憶，而且還能配上自己喜歡的音樂。	透過 YouTube 管理 Vlog 就能隨時回顧快樂的回憶。其實我學會拍攝 Vlog 的方法之後，就更常回顧回憶了。	Vlog 需要花時間編輯，越花時間，就會越珍惜自己的作品，所以每個 Vlog 也都會成為無可取代的寶物。

傳遞資訊的 3 個規則

最後要介紹的是讓簡報變得更簡單易懂的 3 個規則。第 1 個規則是「**一張投影片只有一個訊息**」，顧名思義，就是一張投影片只放一個訊息，放太多資訊會讓每個資訊變得不起眼。只放一個資訊的話，頁面的編排會變得簡潔，受眾也更容易理解資訊。

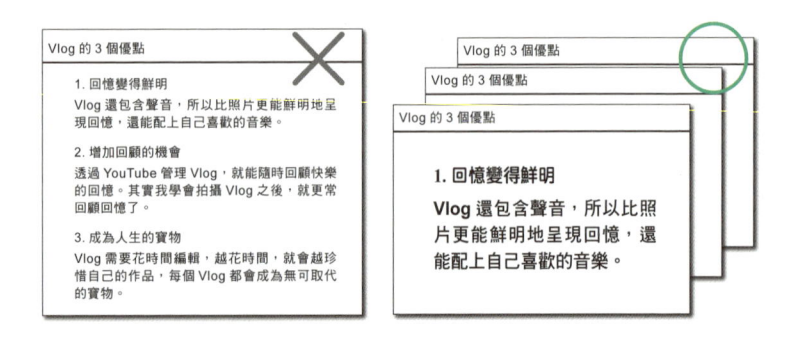

第 2 個規則是「**越重要的資訊越要保持簡單**」，也就是讓訊息保持精簡。訊息太長，反而沒辦法說清楚要說明的內容。不要原封不動放入要發表的內容，而是**以摘要的方式，讓受眾能夠瞬間了解內容**。

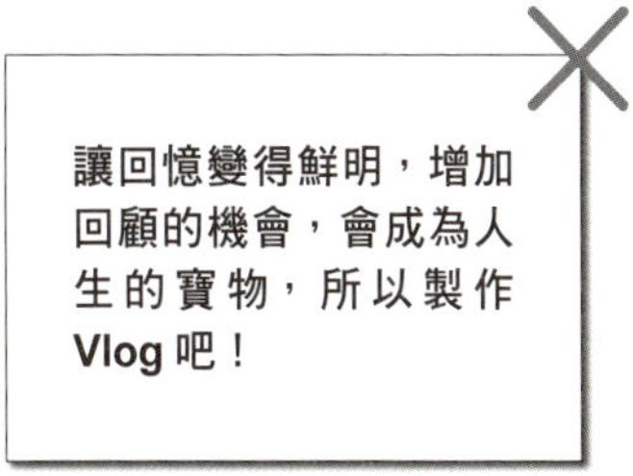

✗	○
讓回憶變得鮮明，增加回顧的機會，會成為人生的寶物，所以製作 Vlog 吧！	製作 Vlog 吧！

第 3 個規則是「**不要陳列事實，而是要列出主張**」，也就是寫出要傳遞的訊息與主張，不要只是列出事實。如果只說明了事實，受眾很可能會覺得「所以咧？」**簡報者該讓受眾知道，你想透過這些事實提出何種主張**。把主張變得具體，讓受眾一看就懂！

✗	○
可以留下影像和聲音	讓回憶變得鮮明

套用這 3 個規則，就有機會做出讓受眾接受訊息、採取行動的簡報了。

謝謝老師的指導
投影片的內容太長，受眾就會只顧著閱讀，不聽簡報者說什麼，這點真的讓我超驚訝的
之前我都以為要讓受眾「讀」投影片啊
對，所以投影片的內容必須控制在 3 秒之內就能讀完！
要記得這點哦
其實看老師的投影片就會發現，每張投影片的資訊都很少，所以老師說明的節奏也很快！
啪啪
啪啪
流暢
流暢
不會覺得煩，越聽越著迷
對吧
現在回想起來……
我也體驗過那種有如地獄的簡報啊
密密麻麻
說個不停
說個不停
受眾的壓力達到臨界點了……
遠目……
聽得好累
開始塗鴉
哈哈哈
一張投影片就說了 10 分鐘
只是將書面資料當成簡報資料念一遍而已

DAY 4 善用編排，展現你的豐富想法

啊！剛剛老師提到，書面資料要在簡報結束時再發，但有時候會在簡報開始之前被問耶

嗯？沒有準備資料嗎？

嗯，有些人的確會因為沒有書面資料而緊張啊

這時可以準備「替代文件」！

在上面記載今天要介紹的主題，幫助受眾掌握全貌或寫寫筆記，但不要提前破梗

一張 A4 就好！

今天的主題

噹鋃

原來如此

接下來就是要介紹設計的細節唷！加油吧！

了解～

呵呵，我對設計還是有點信心的

再怎麼說，我可是插畫家，讓我表現一下吧……

呵呵呵

？ ？

107

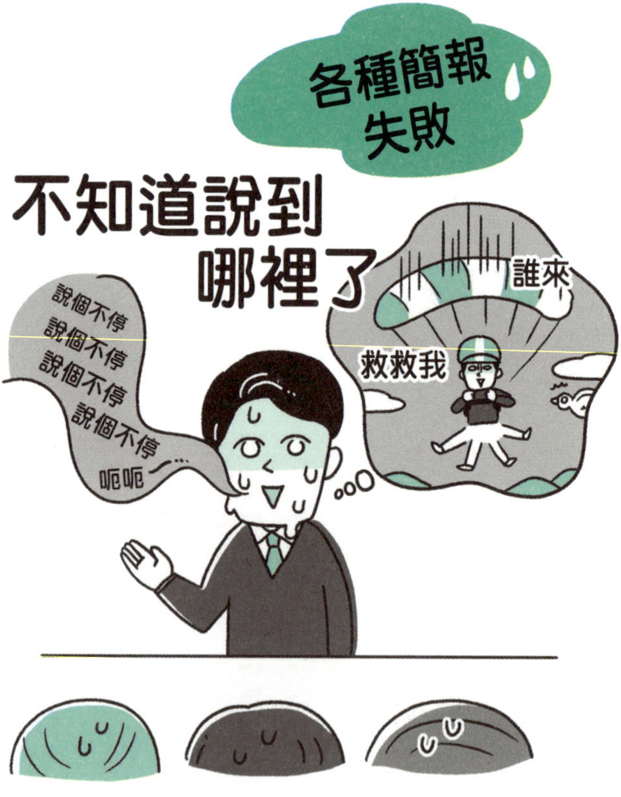
各種簡報失敗
不知道說到哪裡了
說個不停
說個不停
說個不停
說個不停
呃呃
誰來
救救我

DAY
5

簡報設計的
大規則和小細節

14. 文字和圖案的設計規則

DAY 5 簡報設計的大規則和小細節

需要吸睛的標題就選擇黑體

可視性（清晰度）較高
↓
黑體

推薦的字型有思源黑體、源樣黑體

可讀性（容易閱讀）較高
↓
明體

需要方便好讀的內文就選擇明體

英文的話，可以用 SegoeUI 這種字型比較漂亮！

不過，每次都要調整字型很麻煩，而且投影片也不應該放要讀很久的長篇大論，所以全部都用黑體就夠了！

我平常也全部都用黑體唷

簡報的組成要素
內容力×人間力×傳達力，簡報是由這三個元素組成，就算其中一個元素100分，只要有另外一個元素0分，那這個簡報還是失敗。讓所有的元素平均升級才是關鍵。內容力就是簡報內容的邏輯性與故事性，更重要的是，受眾到底能聽到多少價值，所以內容力可說是簡報的核心。不管其他元素多麼厲害，缺少內容力，這份簡報的存在價值就會下降。

不過，還是得根據文字扮演的「角色」決定強弱！

角色？

這份資料雖然很複雜，但其實有這些角色的分別

簡報的基礎 ← 投影片標題
簡報的組成要素 ← 主標題
內容力×人間力×傳達力 ← 副標題

內容力×人間力×傳達力，簡報是由這三個元素組成，就算其中一個元素100分，只要有另外一個元素0分，那這個簡報還是失敗，讓所有的元素平均升級才是關鍵。

內容力就是簡報內容的邏輯性與故事性，更重要的是，受眾到底能聽到多少價值，所以內容力可說是簡報的核心。不管其他元素多麼厲害，缺少內容力，這份簡報的存在價值就會下降。
人間力包含簡報者的性格、年齡、經歷、名聲、氣質、與受眾之間的關係等。人間力是你的簡報開始前最重要的影響因素。
傳達力是指向受眾表達演講內容的能力，包括透過你的說話方式和資料設計，如果無法傳達訊息，即使是很有價值的簡報也是毫無意義的。

利用文字的「大小」、「粗細」、「顏色」來調整文字的強弱吧

粗細與顏色
主標題、副標題可套用粗體樣式，想強調的部分可以套用顏色

啊，這樣就能一眼看到重點了！

大小
標題字級可調整為內文的 1.5～2 倍

簡報的基礎
簡報的組成要素
內容力×人間力×傳達力
×1.5～2

內容力×人間力×傳達力，簡報是由這三個元素組成，就算其中一個元素100分，只要有另外一個元素0分，那這個簡報還是失敗，讓所有的元素平均升級才是關鍵。
內容力就是簡報內容的邏輯性與故事性，更重要的是，受眾到底能聽到多少價值，所以內容力可說是簡報的核心。不管其他元素多麼厲害，缺少內容力，這份簡報的存在價值就會下降。
人間力包含簡報者的性格、年齡、經歷、名聲、氣質、與受眾之間的關係等。人間力是你的簡報開始前最重要的影響因素。
傳達力是指向受眾表達演講內容的能力，包括透過你的說話方式和資料設計，如果無法傳達訊息，即使是很有價值的簡報也是毫無意義的。

標題的字級若只有內文的 1.2～1.3 倍，效果不明顯，要一口氣放大一點！

111

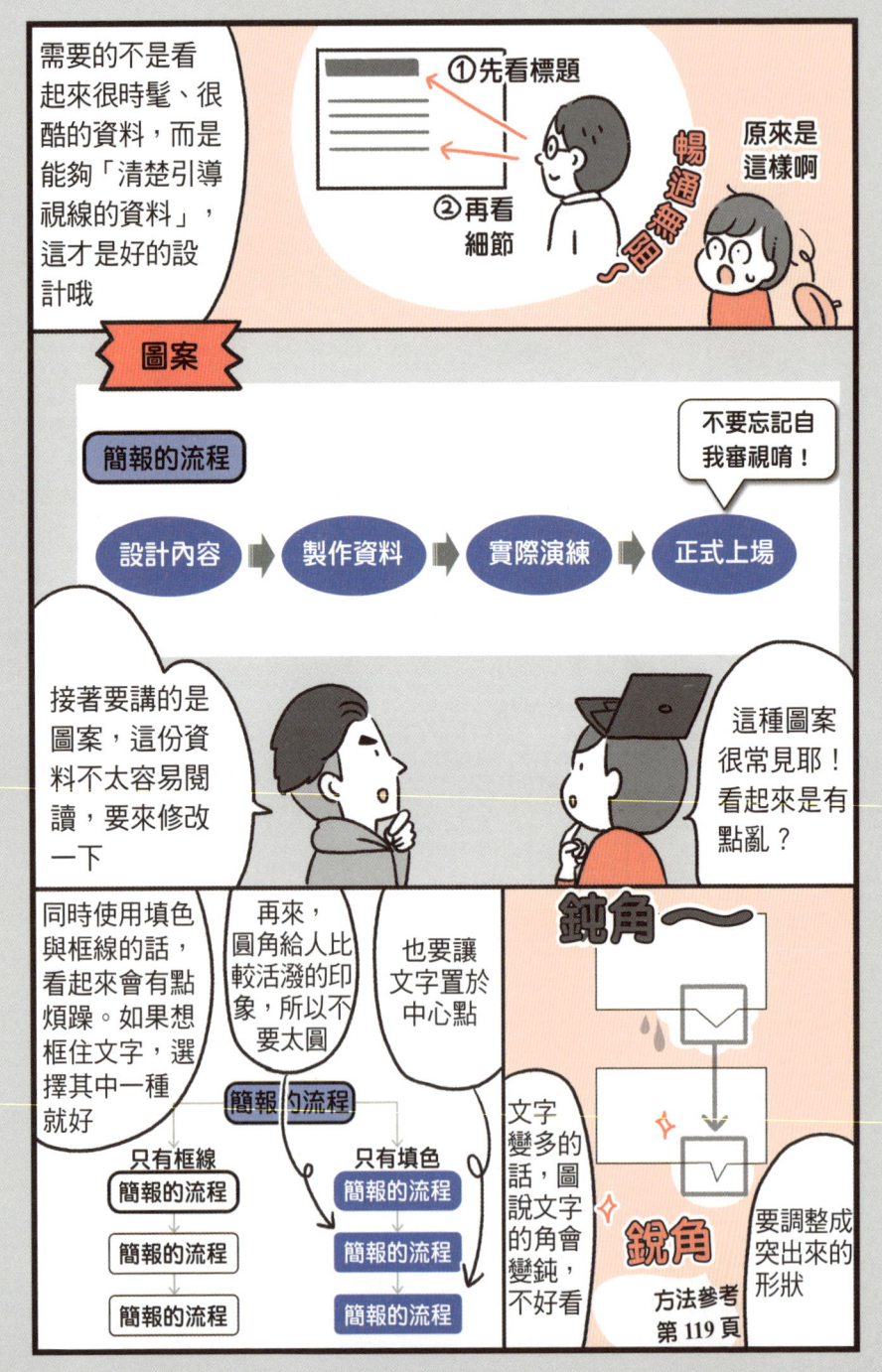

需要的不是看起來很時髦、很酷的資料，而是能夠「清楚引導視線的資料」，這才是好的設計哦

① 先看標題
② 再看細節

暢通無阻～

原來是這樣啊

圖案

簡報的流程

設計內容 ➡ 製作資料 ➡ 實際演練 ➡ 正式上場

不要忘記自我審視唷！

接著要講的是圖案，這份資料不太容易閱讀，要來修改一下

這種圖案很常見耶！看起來是有點亂？

同時使用填色與框線的話，看起來會有點煩躁。如果想框住文字，選擇其中一種就好

再來，圓角給人比較活潑的印象，所以不要太圓

也要讓文字置於中心點

簡報的流程

只有框線
簡報的流程
簡報的流程
簡報的流程

只有填色
簡報的流程
簡報的流程
簡報的流程

鈍角～

文字變多的話，圖說文字的角會變鈍，不好看

銳角

要調整成突出來的形狀

方法參考第 119 頁

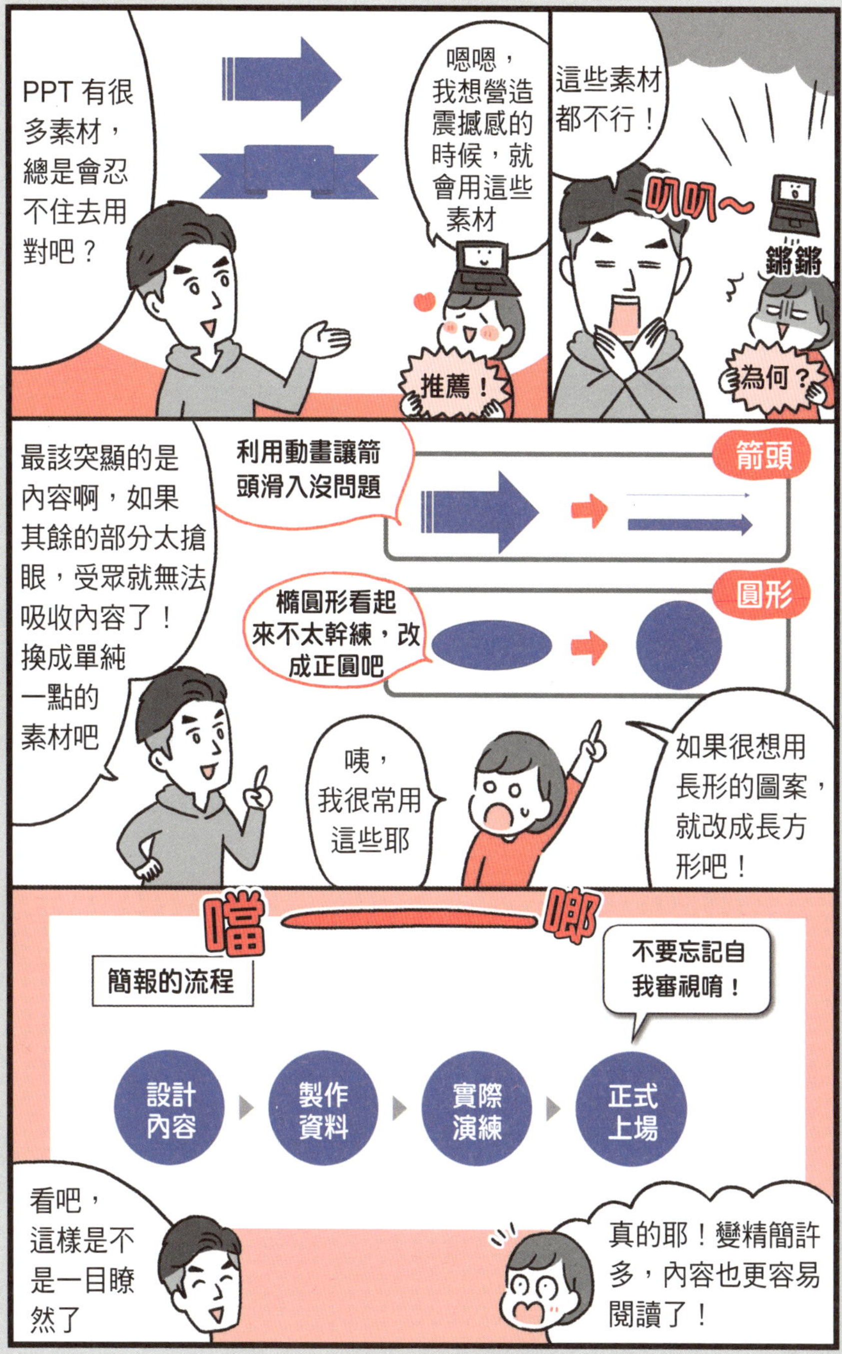
PPT 有很多素材，總是會忍不住去用對吧？
嗯嗯，我想營造震撼感的時候，就會用這些素材
推薦！
這些素材都不行！
叭叭～
鏘鏘
為何？
最該突顯的是內容啊，如果其餘的部分太搶眼，受眾就無法吸收內容了！換成單純一點的素材吧
利用動畫讓箭頭滑入沒問題
箭頭
橢圓形看起來不太幹練，改成正圓吧
圓形
咦，我很常用這些耶
如果很想用長形的圖案，就改成長方形吧！
噹——啷
簡報的流程
不要忘記自我審視唷！
設計內容
製作資料
實際演練
正式上場
看吧，這樣是不是一目瞭然了
真的耶！變精簡許多，內容也更容易閱讀了！

讓文字讀起來不費力

「文字」是簡報資料必備的元素,正因為如此,把文字整理成簡單易懂的樣式也是必須的。在此介紹一些選擇字型的方法,以及如何透過文字的強弱、行距提升文章的易讀性。

根據「可視性」與「可讀性」挑選字型

PowerPoint 內建多種字型(字體),可能有不少人不知道該怎麼挑選。選擇字型的標準有兩個,**一個是與清晰度有關的可視性,另一個則是方便閱讀的可讀性**。標題需要快速掌握簡單的內容,可視性相對重要;至於內文,則因為需要閱讀長篇文章,所以可讀性很重要。

中文的電腦字型大致分成黑體與明體這兩種。黑體屬於可視性較高的字型,適合用來設定標題,明體則屬於可讀性較高的字型,可以用來設定內文。

此外,一如第 105 頁所述,簡報資料應該力求簡潔。如果貫徹前述的方針,不讓簡報資料淪於長篇大論,其實就不用太在意可讀性,可以將標題設定為較粗的黑體,將內文設定為一般的黑體,一樣能夠輕鬆閱讀。

簡報的組成要素

內容力×人間力×傳達力,簡報是由這三個元素組成。就算其中一個元素100分,只要有另外一個元素0分,那這個簡報還是失敗。讓所有的元素平均升級才是關鍵。內容力就是簡報內容的邏輯性與故事性,更重要的是,受眾到底能聽到多少價值,所以內容力可說是簡報的核心。不管其他元素多麼厲害,缺少內容力,這份簡報的存在價值就會下降。

不過,黑體字型也有很多種,中文推薦思源黑體、源樣黑體等開源免費字型,英文推薦 Segoe UI,日文推薦 Meiryo、BIZ UDPGothic。

透過不同的變化增加「強弱」

文字的強弱變化可根據在簡報資料中扮演的角色決定。基本上,角色分成 4 大種,分別是「投影片標題」、「主標題」、「副標題」、「內文」,讓我們強調 3 種標題,同時讓內文不要太過強勢吧。通常會透過「大小」、「粗細」、「顏色」調整強弱。

比方說,下方投影片的內文字級設定為 16pt,投影片標題與副標題設定為 24pt,主標題設定為 32pt。為了能一眼看出文字扮演的角色,標題通常會設定成比內文大 1.5 ～ 2 倍,藉此拉開彼此的差距,甚至還會視情況調整粗細與顏色,創造明顯的層級。

簡報的基礎 ── 投影片標題:24pt

簡報的組成要素 ── 主標題:32pt ＋顏色＋粗體

內容力×人間力×傳達力 ── 副標題:24pt ＋粗體

內容力×人間力×傳達力,簡報是由這三個元素組成,就算其中一個元素100分,只要其外一個元素0分,那這個簡報還是失敗。讓所有的元素平均升級才是關鍵。

內容力就是簡報內容的邏輯性與故事性,更重要的是,受眾到底能聽到多少價值,所以內容力可說是簡報的核心。不管其他元素多麼厲害,缺少內容力,這份簡報的存在價值就會下降。

內文:16pt

人間力包含簡報者的性格、年齡、經驗、名聲、氣質、與受眾之間的關係等,人間力是你的簡報開始前最重要的影響因素。

傳達力是指向受眾表達演講內容的能力,包括透過你的說話方式和資料設計,如果無法傳達訊息,即使是很有價值的簡報也是毫無意義的。

拉開「行距」更容易閱讀

行距（各行的間距）若不另外調整，只採用 PowerPoint 的預設值，內文會變得很難閱讀，尤其當單行的字數過多，會讓人覺得字都擠在一起，所以請依照每行的長度調整行距。

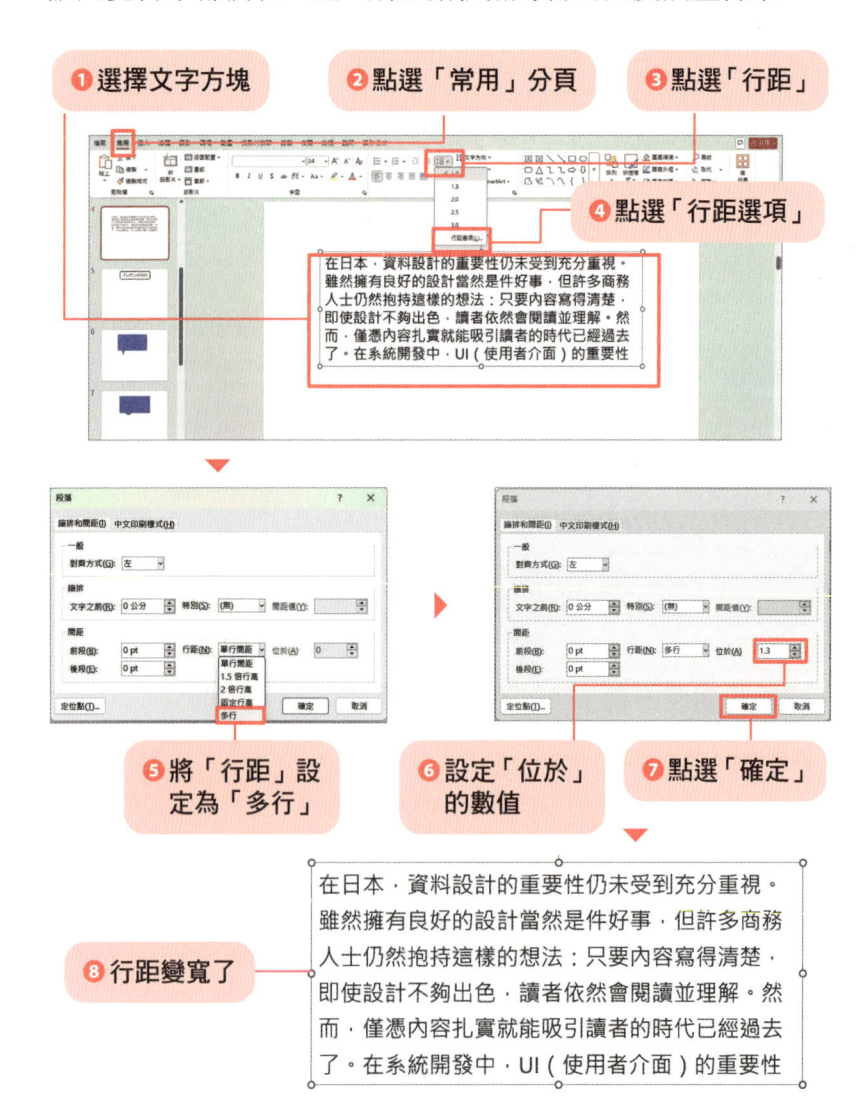

❶ 選擇文字方塊
❷ 點選「常用」分頁
❸ 點選「行距」
❹ 點選「行距選項」

> 在日本，資料設計的重要性仍未受到充分重視。雖然擁有良好的設計當然是件好事，但許多商務人士仍然抱持這樣的想法：只要內容寫得清楚，即使設計不夠出色，讀者依然會閱讀並理解。然而，僅憑內容扎實就能吸引讀者的時代已經過去了。在系統開發中，UI（使用者介面）的重要性

❺ 將「行距」設定為「多行」
❻ 設定「位於」的數值
❼ 點選「確定」

❽ 行距變寬了

> 在日本，資料設計的重要性仍未受到充分重視。雖然擁有良好的設計當然是件好事，但許多商務人士仍然抱持這樣的想法：只要內容寫得清楚，即使設計不夠出色，讀者依然會閱讀並理解。然而，僅憑內容扎實就能吸引讀者的時代已經過去了。在系統開發中，UI（使用者介面）的重要性

圖案的使用邏輯

適當使用圖案，可以有效增加簡報資料的說服力。在此針對常用的「文字框」、「圖說文字」、「箭頭」、圓形」做說明，如何用這些圖案讓內容變得更好懂。

請先看下面的流程圖，會不會覺得有點難懂呢？接著，我將逐步說明該如何修正。

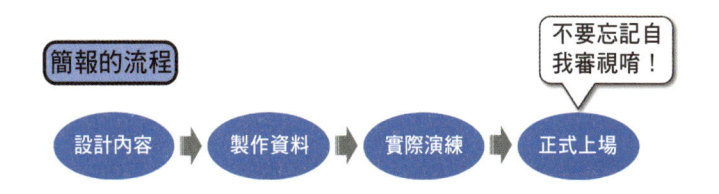

簡報的流程

設計內容 ➡ 製作資料 ➡ 實際演練 ➡ 正式上場

不要忘記自我審視唷！

讓文字框變更單純

在設定文字框的時候，若同時設定了填色與框線，會讓人覺得有點刻意，所以只需要選擇其中一種。此外，文字框的邊角若是太圓，或框線若太粗，會讓人覺得太活潑，不適合商務簡報，盡可能不要這樣設定。若能將文字框中的文字設定在正確的位置，也會變得更容易閱讀。

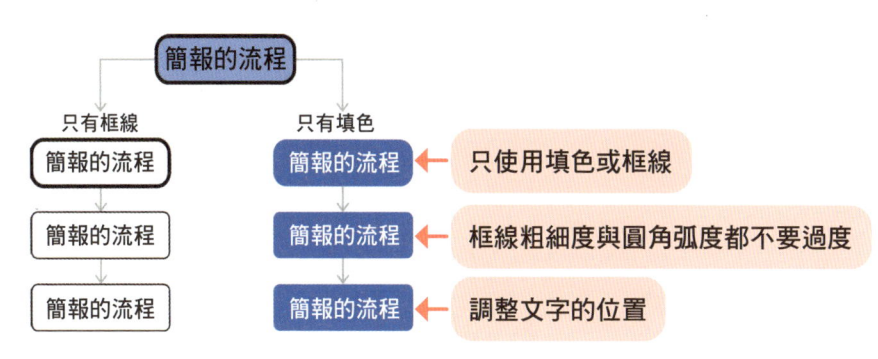

簡報的流程

只有框線 / 只有填色

⬅ 只使用填色或框線

⬅ 框線粗細度與圓角弧度都不要過度

⬅ 調整文字的位置

如果字型本身的位置有點偏上，就需要調整位置。文字的位置可根據以下的步驟調整：

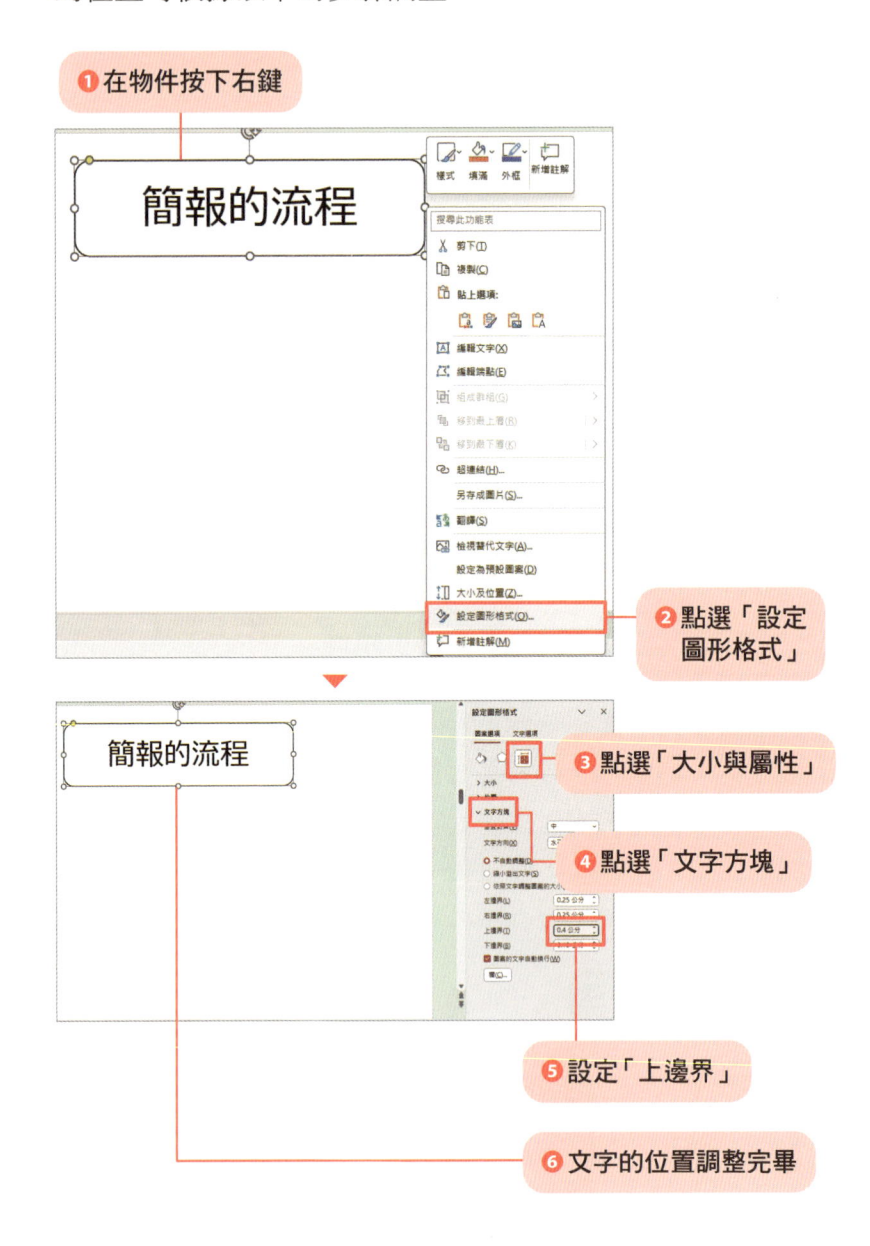

❶ 在物件按下右鍵

❷ 點選「設定圖形格式」

❸ 點選「大小與屬性」

❹ 點選「文字方塊」

❺ 設定「上邊界」

❻ 文字的位置調整完畢

自己手動設定圖說文字

若使用 PowerPoint 內建的「圖說文字」,圖說文字的三角形會在內文太長時變鈍,看起來會很奇怪。自行製作圖說文字,就能調整圖說文字的形狀,在此介紹 2 種製作圖說文字的方法。

第一個方法是利用矩形與三角形組成圖說文字。如果只是插入兩個圖案,會很難設定,可以使用「合併圖案」的功能,讓兩個圖案合併,如此就能當成一個圖案設定。

❶ 利用「矩形」與「三角形」繪製圖說文字的外框,再選取這兩個物件

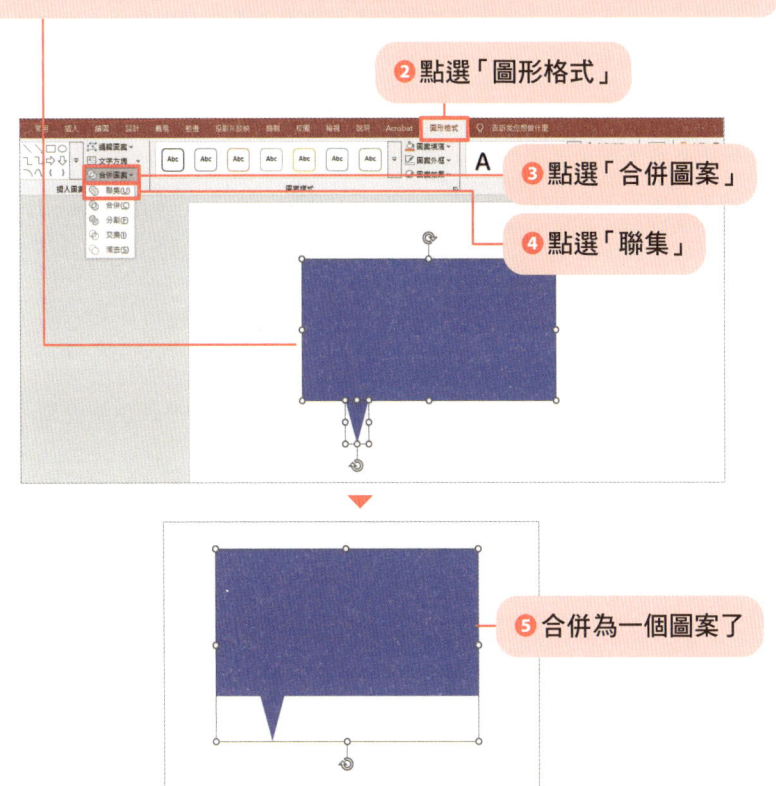

❷ 點選「圖形格式」

❸ 點選「合併圖案」

❹ 點選「聯集」

❺ 合併為一個圖案了

第二個方法是使用「編輯端點」功能。這項功能可以移動三角形的頂點，調整三角形的形狀。建議慢慢移動端點，將三角形調整成順眼的形狀。

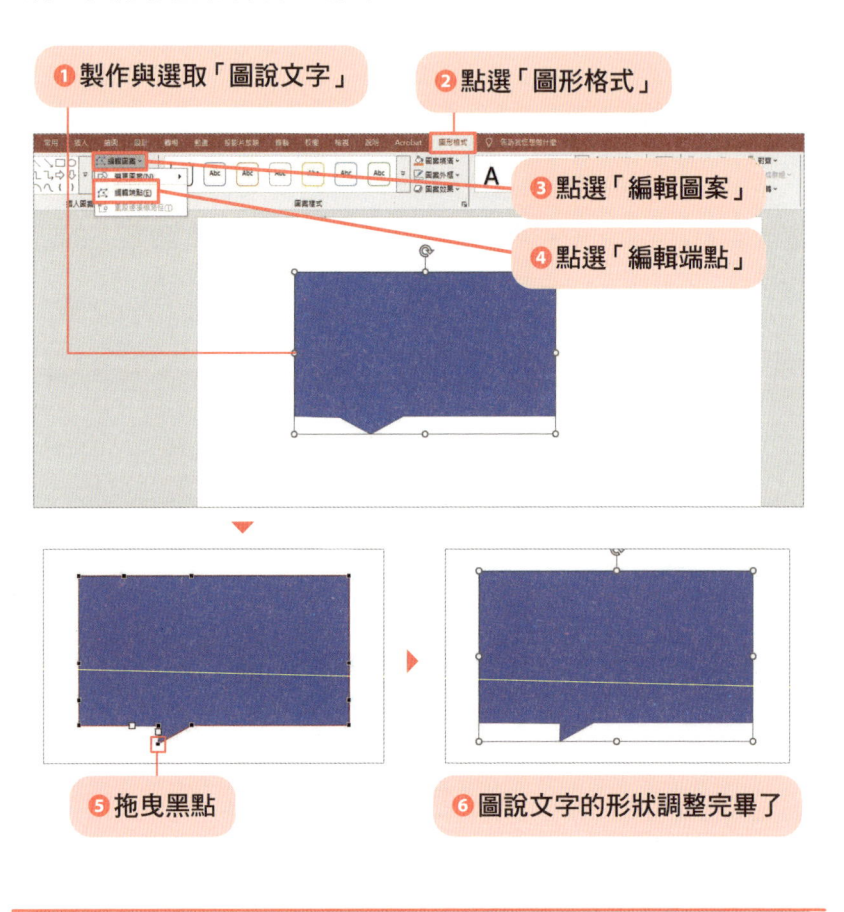

❶ 製作與選取「圖說文字」
❷ 點選「圖形格式」
❸ 點選「編輯圖案」
❹ 點選「編輯端點」

❺ 拖曳黑點
❻ 圖說文字的形狀調整完畢了

不要讓箭頭太過醒目

PowerPoint 內建的箭頭有些太搶眼，原本只是用於說明流程的箭頭會過度吸引受眾的注意力，導致無法快速吸收資訊。箭頭還是盡可能保持簡單低調比較好。

我推薦的是水平樣式的線條箭頭與三角形。雖然理想的

箭頭不只一種,但是箭頭的設計低調一點,受眾也比較能吸收內容的重點。

塊狀箭頭:太過搶眼　　　　線條箭頭或三角形:不會太搶眼

使用正圓形

圓形盡可能不要使用橢圓形,而是使用正圓形。如果很想使用橢圓形,可用矩形代替。在繪製圓形時,按住 Shift 鍵再拖曳,就能畫出正圓形。

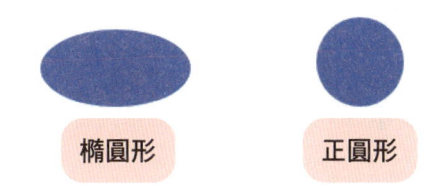

橢圓形　　　正圓形

> **小建議**
> 按住 Shift 鍵再拖曳矩形,就能繪製正方形。若是按住 Shift 鍵畫線,就能畫出水平、垂直、45 度這 3 種常見角度的直線。

套用前述文字和圖案的規則,就能做出以下的結果。與第 117 頁的圖比較起來,是不是更能快速吸收資訊了?

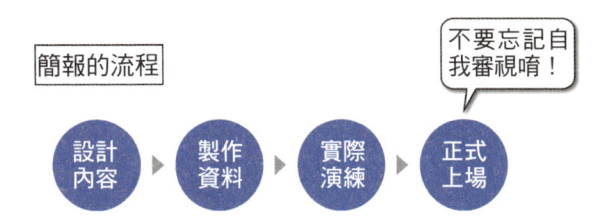

簡報的流程

設計內容 ▶ 製作資料 ▶ 實際演練 ▶ 正式上場

不要忘記自我審視唷!

15. 圖表、圖片、排版的規則

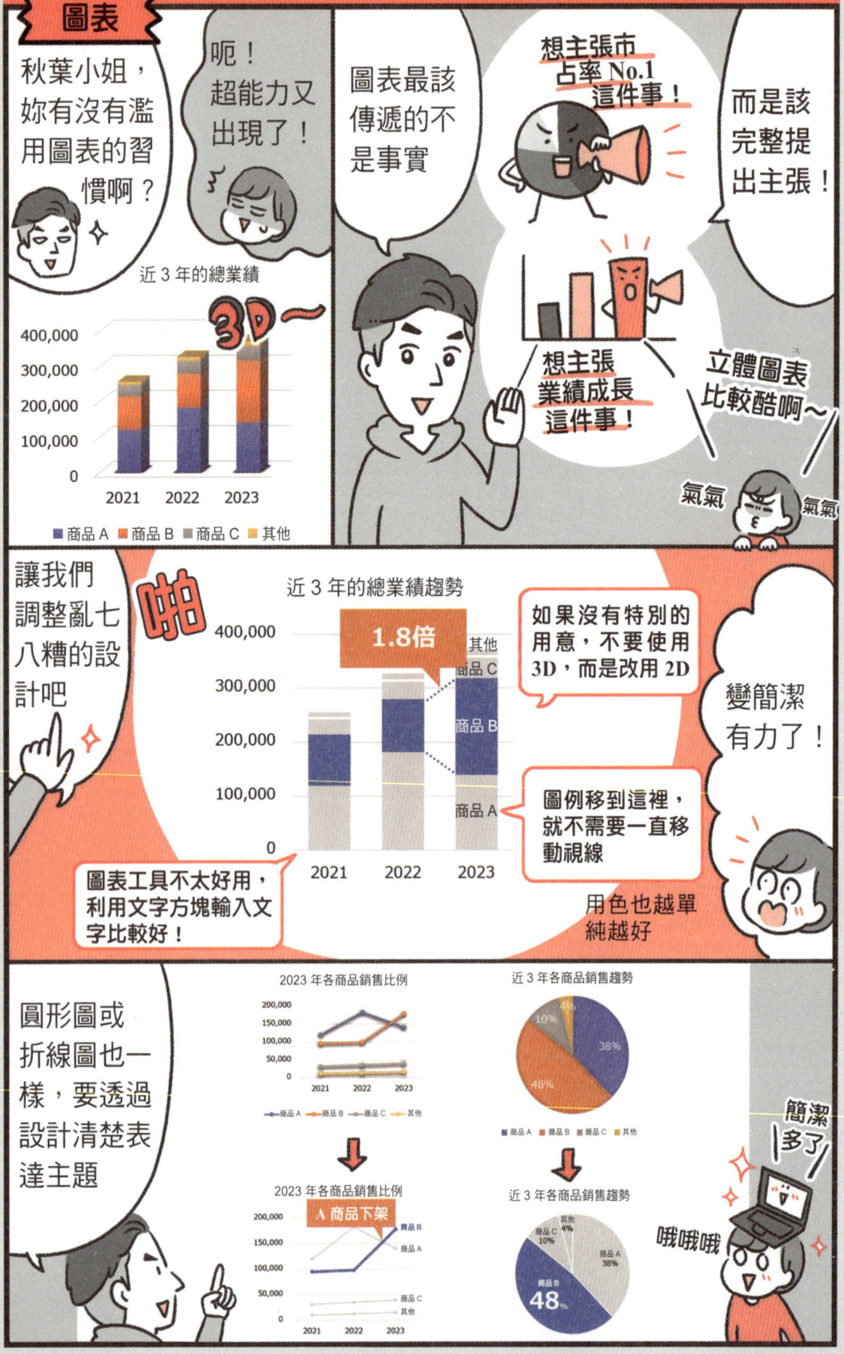

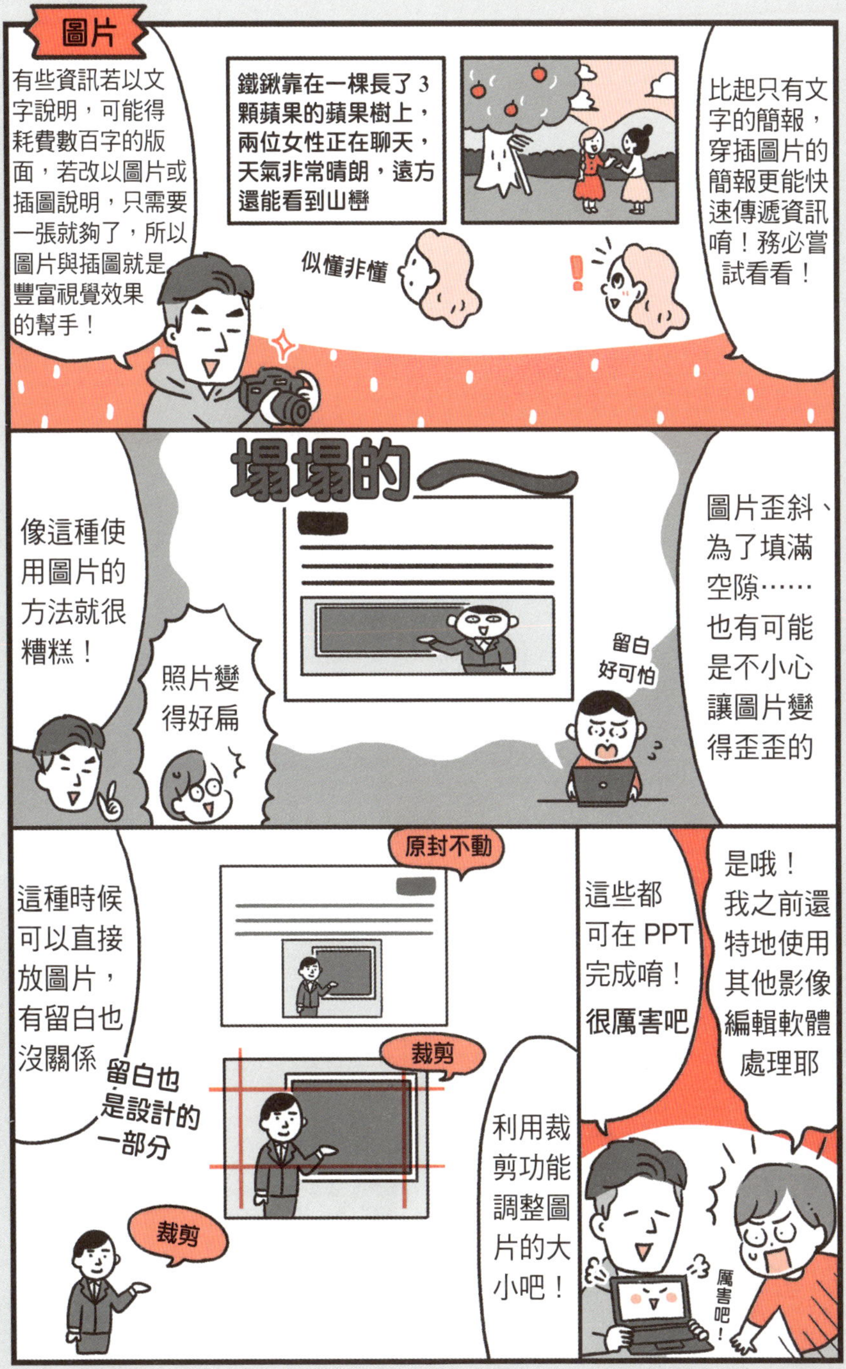
圖片
有些資訊若以文字說明，可能得耗費數百字的版面，若改以圖片或插圖說明，只需要一張就夠了，所以圖片與插圖就是豐富視覺效果的幫手！
鐵鍬靠在一棵長了3顆蘋果的蘋果樹上，兩位女性正在聊天，天氣非常晴朗，遠方還能看到山巒
似懂非懂
比起只有文字的簡報，穿插圖片的簡報更能快速傳遞資訊唷！務必嘗試看看！
場場的
像這種使用圖片的方法就很糟糕！
照片變得好扁
留白好可怕
圖片歪斜、為了填滿空隙……也有可能是不小心讓圖片變得歪歪的
這種時候可以直接放圖片，有留白也沒關係
原封不動
留白也是設計的一部分
裁剪
裁剪
利用裁剪功能調整圖片的大小吧！
這些都可在PPT完成唷！
很厲害吧
是哦！我之前還特地使用其他影像編輯軟體處理耶
厲害吧！

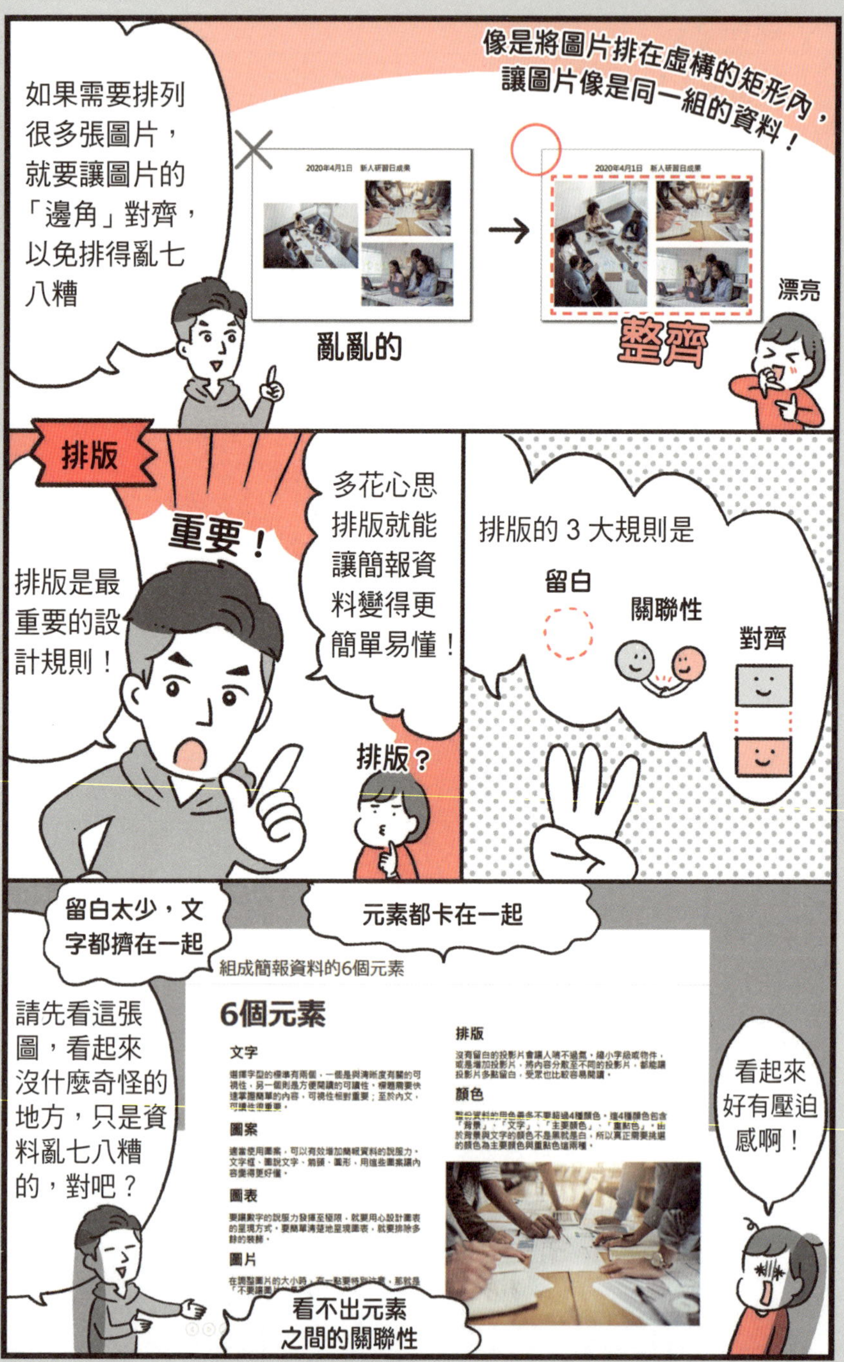

如果需要排列很多張圖片，就要讓圖片的「邊角」對齊，以免排得亂七八糟
像是將圖片排在虛構的矩形內，讓圖片像是同一組的資料！
2020年4月1日 新人研習日成果
亂亂的
2020年4月1日 新人研習日成果
整齊
漂亮
排版
重要！
排版是最重要的設計規則！
多花心思排版就能讓簡報資料變得更簡單易懂！
排版？
排版的 3 大規則是
留白
關聯性
對齊
留白太少，文字都擠在一起
元素都卡在一起
組成簡報資料的6個元素
6個元素
文字
圖案
圖表
圖片
排版
顏色
請先看這張圖，看起來沒什麼奇怪的地方，只是資料亂七八糟的，對吧？
看起來好有壓迫感啊！
看不出元素之間的關聯性

整整齊齊～

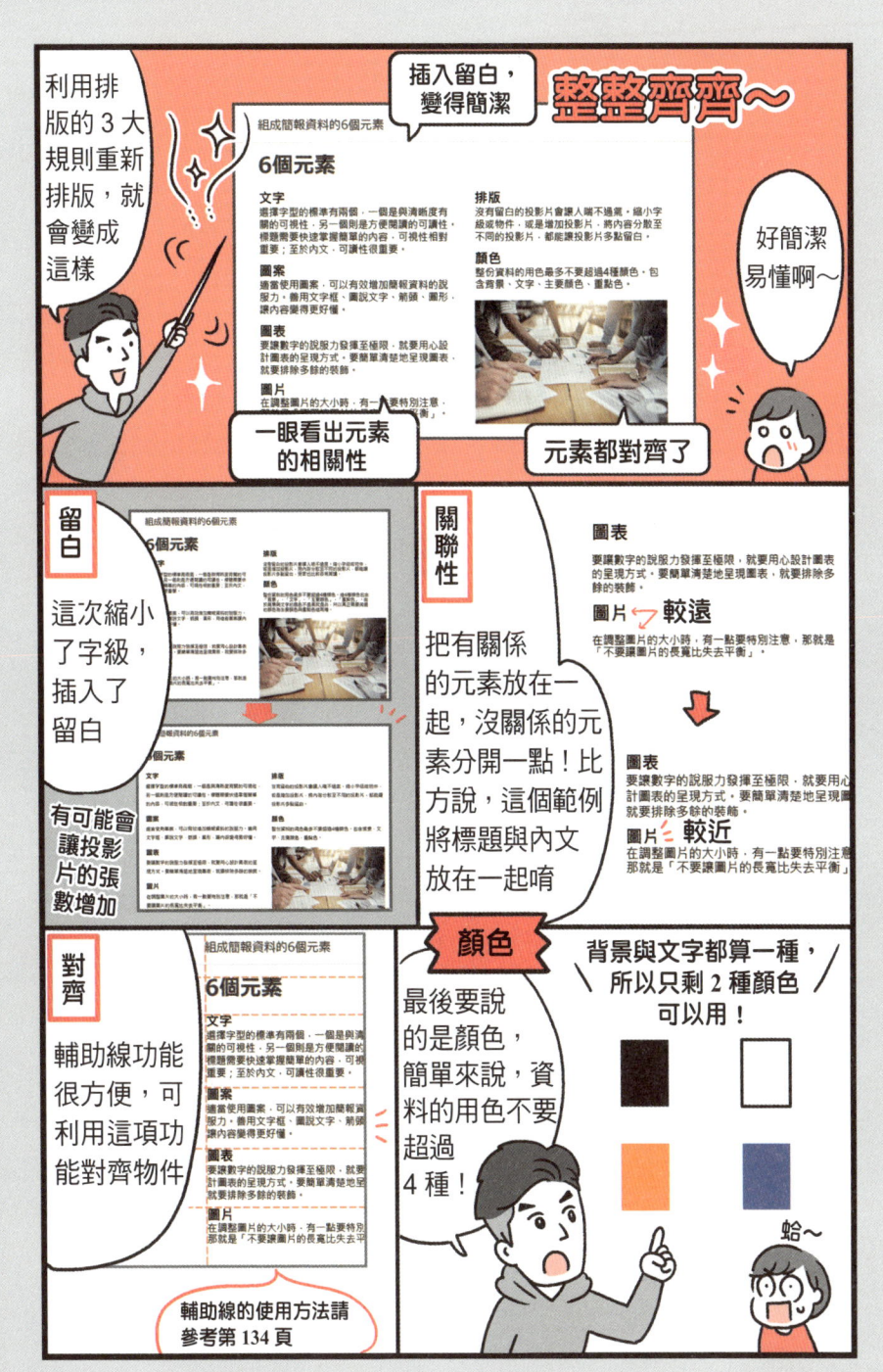

DAY 5　簡報設計的大規則和小細節

利用排版的3大規則重新排版，就會變成這樣

插入留白，變得簡潔

一眼看出元素的相關性

好簡潔易懂啊～

元素都對齊了

留白

這次縮小了字級，插入了留白

有可能會讓投影片的張數增加

關聯性

把有關係的元素放在一起，沒關係的元素分開一點！比方說，這個範例將標題與內文放在一起唷

圖片 較遠

圖片 較近

對齊

輔助線功能很方便，可利用這項功能對齊物件

輔助線的使用方法請參考第134頁

顏色

最後要說的是顏色，簡單來說，資料的用色不要超過4種！

背景與文字都算一種，所以只剩2種顏色可以用！

蛤～

125

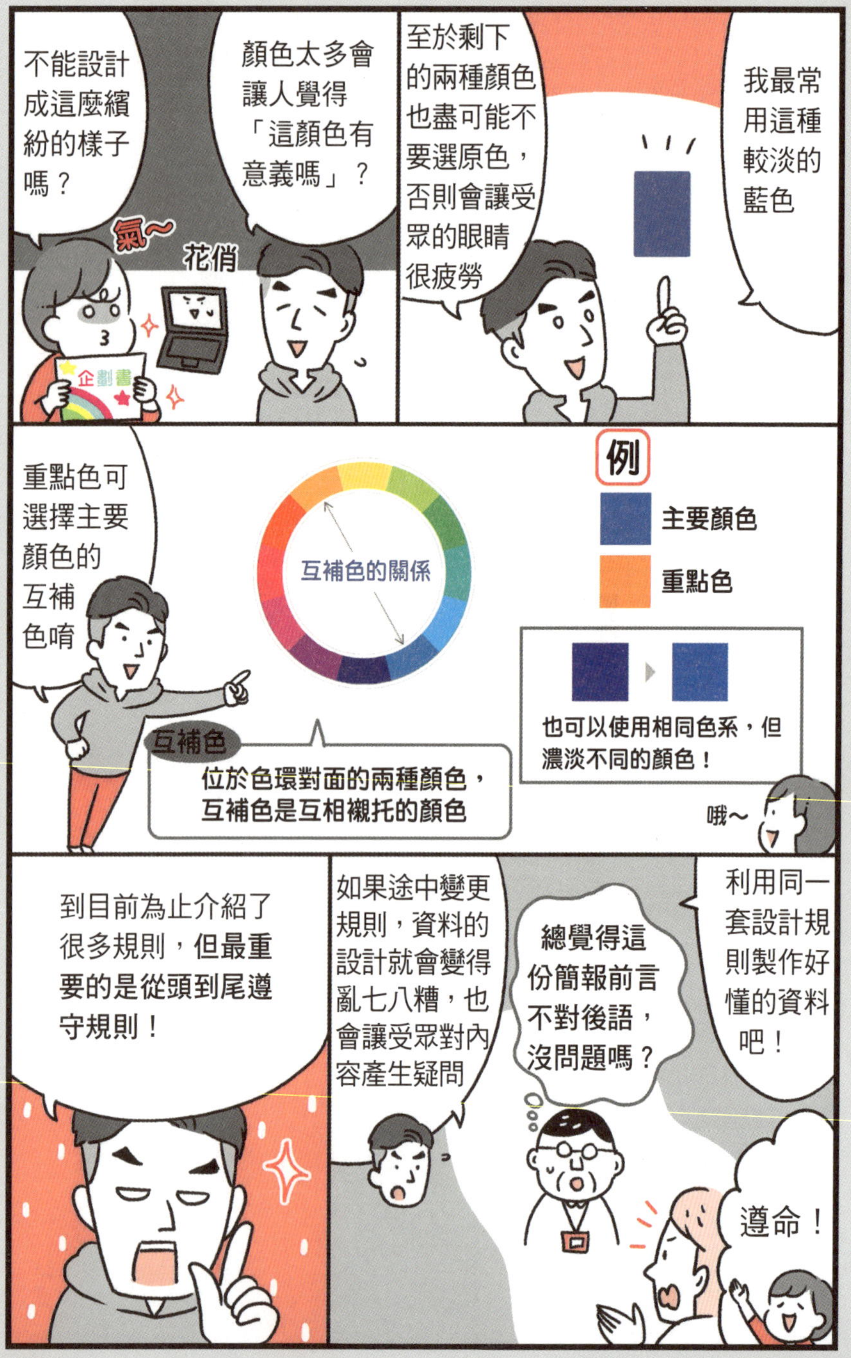
不能設計成這麼繽紛的樣子嗎？
氣～
花俏
企劃書
顏色太多會讓人覺得「這顏色有意義嗎」？
至於剩下的兩種顏色也盡可能不要選原色，否則會讓受眾的眼睛很疲勞
我最常用這種較淡的藍色
重點色可選擇主要顏色的互補色唷
互補色的關係
例
主要顏色
重點色
也可以使用相同色系，但濃淡不同的顏色！
互補色
位於色環對面的兩種顏色，互補色是互相襯托的顏色
哦～
到目前為止介紹了很多規則，但最重要的是從頭到尾遵守規則！
如果途中變更規則，資料的設計就會變得亂七八糟，也會讓受眾對內容產生疑問
總覺得這份簡報前言不對後語，沒問題嗎？
利用同一套設計規則製作好懂的資料吧！
遵命！

透過圖表提出主張

要讓數字的說服力發揮至極限，就要用心設計圖表的呈現方式。

要簡單清楚地呈現圖表，就要排除多餘的裝飾。比方說，PowerPoint 雖然內建了將圖表轉換成 3D 圖形的功能，但是這只會讓資訊變多，讓受眾的負擔變重，所以不太推薦使用。

將圖表的圖例（資料種類的說明）放在圖表上，可幫助受眾直接看懂圖表，視線不用一直在圖例與圖表之間來回。圖例的位置可透過「圖表設計」功能調整，但需要完成一些瑣碎的設定，所以直接利用文字方塊在圖表上輸入圖例會比較簡單。

圖表雖然是「呈現資料，說明事實」的工具，但正如前述，簡報資料的圖表應該「說明主張，而不是呈現事實」，因為**主張比事實更加重要**。

比方說，當你想告訴受眾「商品 B 的業績成長了 1.8 倍」，可強調圖表裡的商品 B 的圖例或數字，也可以套用顏色，再讓其他部分都套用灰色這類較不起眼的顏色，就能讓圖表變得更有重點，主張也變得更加鮮明。

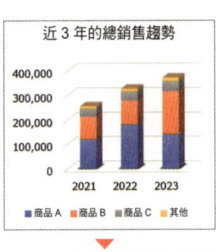

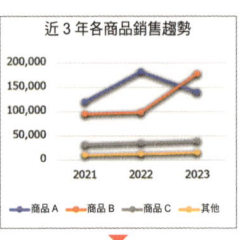

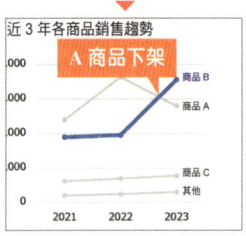

讓表格變得更簡潔

表格與圖表一樣，都是呈現資料的工具。就算只是一堆數字的表格，也能透過一些巧思變得更簡潔易讀。如果各項目的標題與資料沒有任何區隔、留白太少、欄寬不一致，都會讓表格變得不容易閱讀，只要修正這些缺點，表格的格式就會變得簡潔許多。

商品名	2018 年度	2019 年度	2020 年度
商品 A	120,000	182,000	142,000
商品 B	95,000	98,000	178,000
商品 C	31,000	35,000	39,000
其他	10,000	12,000	15,000

商品名	**2018 年度**	**2019 年度**	**2020 年度**
商品 A	120,000	182,000	142,000
商品 B	95,000	98,000	178,000
商品 C	31,000	35,000	39,000
其他	10,000	12,000	15,000

讓標題與資料有所區分

刪除多餘的直線與橫線，插入留白，讓整張表格變得更簡潔

欄寬一致

如果表格的資訊量很多，可替每一列加上顏色，方便受眾找到重要的資料。

商品名	2011年度	2012年度	2013年度	2014年度	2015年度	2016年度	2017年度	2018年度	2019年度	2020年度
商品A	61,000	77,000	58,000	38,000	47,000	78,000	101,000	120,000	182,000	140,000
商品B	17,000	24,000	38,000	29,000	42,000	55,000	79,000	95,000	98,000	178,000
商品C	35,000	52,000	39,000	61,000	41,000	40,000	35,000	31,000	35,000	39,000
商品D	42,000	45,000	52,000	35,000	55,000	62,000	57,000	70,000	65,000	62,000
商品E	48,000	57,000	70,000	65,000	53,000	58,000	59,000	62,000	65,000	38,000
商品F	32,000	55,000	62,000	57,000	70,000	65,000	62,000	48,000	52,000	47,000
商品G	19,000	55,000	62,000	57,000	70,000	65,000	62,000	52,000	59,000	43,000
商品H	18,000	20,000	23,000	43,000	55,000	62,000	57,000	70,000	65,000	62,000
其他	2,000	8,000	3,000	4,000	2,000	7,000	8,000	10,000	12,000	15,000

圖片的使用方法

一張圖片勝過千言萬語,很適合放在簡報資料中。在此為大家介紹一些圖片大小、配置方式的重點。

調整圖片的大小與範圍

在調整圖片的大小時,有一點要特別注意,那就是「**不要讓圖片的長寬比例失去平衡**」。由於投影片有留白,所以我們總是會忍不住拉長圖片,想填滿留白,但建議不要這麼做。適當的留白能讓投影片變得更簡潔易懂。**與其放上長寬比例失衡的人物圖案或圖片,不如利用留白替版面創造平穩統一的質感**。

如果需要為了版面的編排而調整圖片的大小時,一定要維持圖片原本的長寬比。建議可透過裁剪或移除背景的功能刪除多餘的部分。裁剪就是裁掉圖片多餘的部分,PowerPoint 也內建了這項功能。

❶ 選取物件
❷ 點選「圖片格式」
❸ 點選「裁剪」
❹ 出現黑框了

❺ 拖曳黑框,調整要留下的範圍

❻ 點選「裁剪」

❼ 圖片裁剪完成了

PowerPoint 也內建了移除背景的功能。

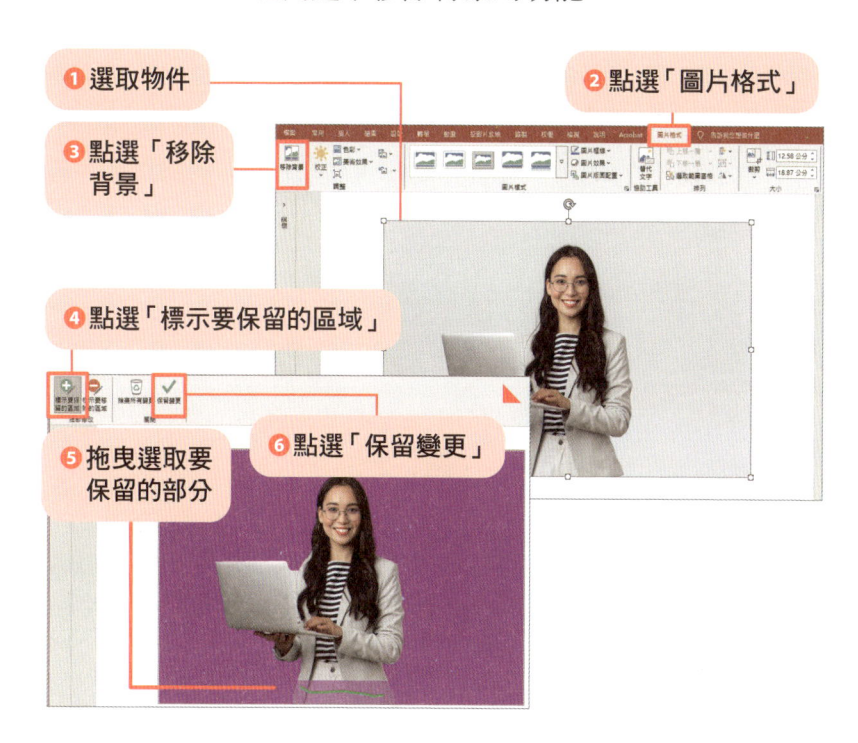

❶ 選取物件

❷ 點選「圖片格式」

❸ 點選「移除背景」

❹ 點選「標示要保留的區域」

❺ 拖曳選取要保留的部分

❻ 點選「保留變更」

DAY 5 簡報設計的大規則和小細節

❼背景移除了

利用「裁掉出血」的技巧增加震撼感

如果需要在投影片放一張圖片與簡單的文字，卻只是單純放了圖片，然後在留白處輸入文字，就無法讓受眾印象深刻。要在元素不多的情況下創造震撼感，可使用「裁掉出血」這個技巧，也就是故意裁掉投影片邊緣的白邊，讓圖片占滿整個版面的技巧，如此一來，就能讓受眾對圖片留下深刻的印象。

文字可配置在圖片的下方、右半邊，或是壓在半透明的色塊上。

在圖片上方排文字
→不夠震撼

2025 Marketing Workshop

裁掉圖片的白邊，將文字放在下方、側邊或是壓在半透明的色塊上→十分吸睛

排列多張圖片時，可排在「透明框」中

　　排列多張圖片時，不能隨便亂放，否則會讓受眾覺得版面很凌亂。要讓受眾對圖片留下印象，就要讓圖片的大小與形狀一致，還得讓圖片對齊。大家可想像投影片中有個透明的矩形框（又稱為「格線」），然後透過裁剪的方式，將多張圖片塞進這個矩形框之中，如此一來，版面就會變得很整齊，也能令人留下深刻的印象。

圖片的大小與形狀不一致

放進看不見的矩形框之中

DAY 5　簡報設計的大規則和小細節

排版的注意事項

在本書說明的各種設計規則之中,最重要的就是排版方式。在此為大家說明「留白」、「關聯性」與「對齊」這3個與排版有關的元素。

右邊的投影片是不是讓你覺得有點雜亂呢?要改善這張投影片,需要注意3個重點。

第一個重點是留白。沒有留白的投影片會讓人喘不過氣。縮小字級或物件,或是增加投影片,將內容分散至不同的投影片,都能讓投影片多點留白,受眾也比較容易閱讀。

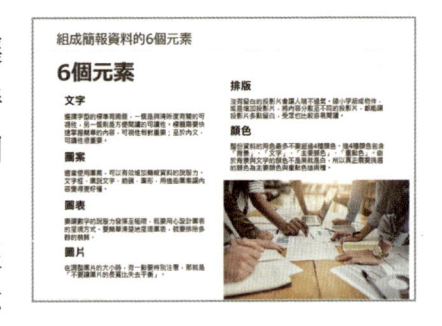

第二個重點是關聯性。標題與內文這種關聯較高的物件應該放在一起。元素若是離得太遠,受眾可能無法一下子讀懂投影片的內容。

第三個重點是對齊。要對齊物件可使用「輔助線」,這是在投影片顯示輔助線的功能,只要沿著輔助線排列物件,投影片就會變得很整齊。

❶ 在投影片的空白處按下滑鼠右鍵

❷ 點選「格線與輔助線」

❸ 點選「輔助線」

④顯示垂直與水平的輔助線了

小建議

要追加輔助線,可在顯示輔助線之後,再一次於投影片的空白處按下滑鼠右鍵,然後點選「格線與輔助線」,以及點選「新增垂直輔助線」或「新增水平輔助線」。此外,也可以拖曳輔助線,調整輔助線的位置,這時候會顯示輔助線距離投影片中心點有多遠的數值,這種方法很適合需要在投影片左右兩側平均排列物件的時候使用。

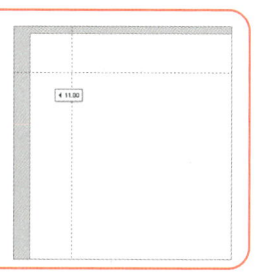

　　根據「留白」、「關聯性」、「對齊」這 3 個重點整理投影片,就能將投影片整理成以下的樣子。比起第 134 頁的投影片,版面應該簡潔不少。

挑選顏色的方法

如果毫無章法地決定簡報資料的用色，有時會毀了簡報給人的印象。在此要說明提高簡報資料質感的用色方法。

首先，整份資料的用色最多不要超過 4 種顏色。這 4 種顏色包含「背景」、「文字」、「主要顏色」、「重點色」。由於背景與文字的顏色不是黑就是白，所以真正需要挑選的顏色為主要顏色與重點色這兩種。

由於顏色本身就有意義，所以用色一多，受眾就會忍不住思考「這個顏色應該有什麼意思吧？」，建議大家不要使用太多種顏色。不過，可使用同色系、不同濃淡的顏色。

在挑選主要顏色與重點色的時候，建議挑選互補色的顏色。互補色就是在色環之中，彼此位於對立位置的顏色，互為補色的顏色也是能襯托彼此的顏色。

此外，盡可能不要使用紅、綠、藍這三個光的三原色，因為會讓受眾覺得刺眼，可使用稍微暗淡的顏色代替。

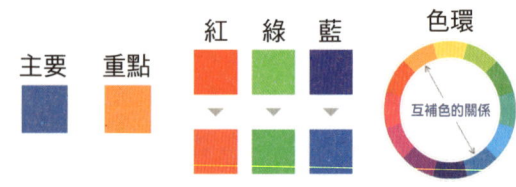

小建議

假設文字的顏色為黑色，背景的白色與文字的黑色就會形成強烈對比，也會讓眼睛有點不舒服，所以建議不要將文字設定為深黑色，而是設定為稍微偏灰的顏色，受眾才能看得更舒服。一般的簡報或許不需要顧慮這麼多，但是當文字量太多時，這也是一種調整版面的方法。

呃呃呃呃

冒煙 冒煙

居然冒煙了

雖然說明了所有的規則，但要一下子全部上手，應該很難吧

讓我們一起複習重點吧

DAY 5 簡報設計的大規則和小細節

先記得這些就好！

必須先記住的規則

強弱
標題的大小應為內文的 1.5 倍或 2 倍！圖表要透過這類效果強調「主張」

留白
留白也是設計的一部分，要在版面預留足夠的留白

組成簡報資料的6個元素

6個元素

文字
選擇字型的標準有兩個，一個是與清晰度有關的可視性，另一個則是方便閱讀的可讀性。標題需要快速掌握簡單的內容，可視性相對重要；至於內文，可讀性很重要。

圖案
適當使用圖案，可以有效增加簡報資料的說服力。善用文字框、圖說文字、箭頭、圖形，讓內容變得更好懂。

圖表
要讓數字的說服力發揮至極限，就要用心設計圖表的呈現方式。要簡單清楚地呈現圖表，就要排除多餘的裝飾。

圖片
在調整圖片的大小時，有一點要特別注意，那就是「不要讓圖片的長寬比失去平衡」。

排版
沒有留白的投影片會讓人喘不過氣。縮小字級或物件，或是增加投影片，將內容分散至不同的投影片，都能讓投影片多點留白。

顏色
整份資料的用色最多不要超過4種顏色。包含背景、文字、主要顏色、重點色。

關聯性
有關係的內容要放在一起，沒關係的內容要離遠一點！否則受眾就會越讀，注意力越渙散哦

對齊
透過「輔助線」對齊排列照片或圖片

只有這些規則的話，應該能遵守吧！

接著是……
一致性
從頭到尾遵守相同的規則！

137

順帶一提，老師雖然建議放圖片，但如果沒有可使用的圖片怎麼辦？
其實 PPT 有內建很多可用的圖片哦
「插入」分頁
「圖片」
「影像庫」
咦！
又能裁剪，又能移除背景，還存了一堆圖片，PPT 實在太厲害了！
嘿嘿嘿
也可以使用免費素材哦
要先確認使用規範再使用哦
我常用的是圖示！很單純，很好用
好簡單！
免費插圖的質感不一定一致，有時候會找到很喜歡的插圖，而且使用的時候，
還會硬要縮放比例
重點！
亂七八糟
的確是
元素亂七八糟的話，就沒辦法強調重要的內容了
這樣實在太可惜了
所以要力求簡潔與一致性唷！
遵命！
太好了，今天也很努力學，所以晚上喝杯啤酒犒賞一下自己
流口水
還真是一如既往啊

DAY 5 簡報設計的大規則和小細節

要讓版面保持簡潔，比想像中還困難啊！

DAY 6
清楚傳達資訊的簡報技巧

16. 打造成功簡報的印象

簡報資料完成了

總算到了練習的階段了！

接著是要磨練簡報的技術！包含這些要素唷

簡報技術包含的元素
- 2 個印象
- 5 個詞彙
- 3 個 PPT 技巧

讓我依序說明吧！

第 6 天的目標 學會傳遞資訊的技術

2.5.3…?

2 個印象

哪種人能給別人帶來好印象？

整潔乾淨的人～

不會用力按 Enter 鍵的人～

商務簡報需要營造 2 種印象

信賴感
具有值得信賴的安心感
這是做生意一定需要的印象

好感
討人喜歡的感覺
不論再怎麼值得信賴，覺得對方「有點討厭」的話，就聽不進他說的話

要適時適地，視情況營造這兩個印象唷

如果一開始就很強勢推銷好感，有時會讓別人覺得你在「裝熟」

笑一個！

所以一開始先營造信賴感，等到彼此有一定程度的信任後，再試著營造好感吧

接著要介紹的是營造印象的方法
味覺
嗅覺
觸覺
視覺
聽覺
簡報的印象主要取決於視覺資訊與聽覺資訊！
首先，「視覺資訊」是由這些元素來營造印象的！
外表
表情
服裝
姿勢
動作
手勢
視線
站位
我會逐一說明唷
服裝
當然不能讓受眾覺得不舒服！
表情
要與簡報給人的印象一致！嚴肅的話題要保持認真的表情
信口
開河
未達成的業績
可愛吉祥物企劃
姿勢
如果是站著發表簡報，記得挺直身體，手放在肚臍前，保持中立姿勢
挺直
重心落在雙腳上
手放在兩側，會讓人覺得晃來晃去
手放在後面很像是日式啦啦隊
感謝！

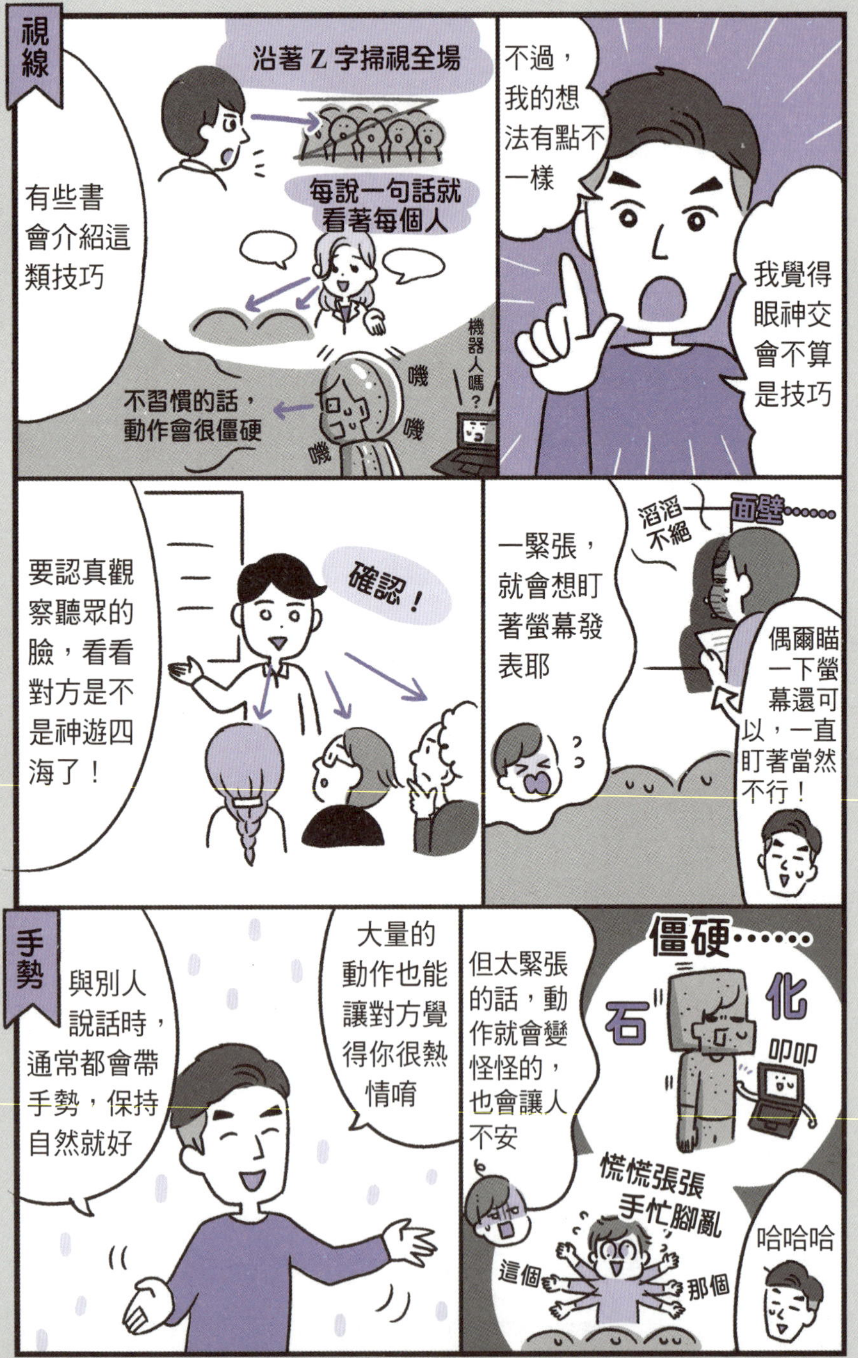
視線
有些書會介紹這類技巧
沿著 Z 字掃視全場
每說一句話就看著每個人
不習慣的話，動作會很僵硬
嘰
嘰
嘰
機器人嗎？
不過，我的想法有點不一樣
我覺得眼神交會不算是技巧
要認真觀察聽眾的臉，看看對方是不是神遊四海了！
確認！
一緊張，就會想盯著螢幕發表耶
滔滔不絕
面壁……
偶爾瞄一下螢幕還可以，一直盯著當然不行！
手勢
與別人說話時，通常都會帶手勢，保持自然就好
大量的動作也能讓對方覺得你很熱情唷
但太緊張的話，動作就會變怪怪的，也會讓人不安
僵硬……
石化
叩叩
慌慌張張
手忙腳亂
這個
那個
哈哈哈

這時候需要這3種肢體動作！
用力
數字
畫面
方向
都是很好用的肢體動作唷
數字
說明數字時，利用手指具體比出數字，能讓受眾聽得更明白
今天想介紹的主題共有2種！
啊！老師也正在做！
只要學會這3種肢體動作，就能有效化解緊張感唷
畫面
很大
很小
很高
其他……
方向
大家覺得如何呢？
請大家看一下螢幕的資料
站位
偶爾從螢幕的一側走到另一側
或是走向聽眾
伸出
偶爾這麼做，能讓簡報多點動態效果，受眾也不會越聽越煩
要注意的是，一直走來走去會讓人覺得你很慌張
基本上站在原地不動
該站定就站定，該動的時候再動吧
需要強調內容時再走動

接著是聽覺資訊哦

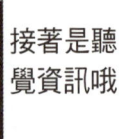

重點在於「抑揚頓挫」與「口條」

抑揚頓挫

抑揚頓挫有3種技巧

音量

讓全場的人都聽得到的音量

聲音比較小的人可使用麥克風！

速度

與其說是「慢慢講」，不如說是「配合受眾的感覺」

太慢會讓人覺得無聊，甚至睡著

慢慢地……

太快會讓某些受眾跟不上

口若懸河

停頓

在說明重點的前後，或是內容的方向有所改變時，插入1～2秒的停頓

最重要的是（停頓）這個○○！

哇，就算懂這些道理，也不一定做得到啊！

停頓很難對吧，而且一緊張起來，就會想要趕快結束，然後越說越快……大部分的人也都會聽不懂你在說什麼

一緊張就會越說越快，而且現場靜悄悄很可怕，最後會像是在說Rap！

霹靂啪啦 霹靂啪啦

只要在說每個字的時候，將注意力放在嘴巴附近的肌肉，就能控制說話的速度，也能避免越說越小聲哦！

這是我之前為了練習發音，去上播音員課程學到的方法！

請、務、必、試、看、看

真、的、是、耶！

口條
接著是口條，要先說的是，與簡報無關的詞彙或口頭禪只能算是雜訊！要全部省略！
呃，那個
感謝大家今天讓我有機會報告〇〇
咦
我很常忍不住說這些詞耶
呃
那個
有避免說這些詞彙的祕訣嗎？
這件事沒有捷徑，只能在快脫口而出的時候硬吞回去，但這樣也算是插入一個停頓，算是一石二鳥吧
吞回去
咦……
呃
此外，也要省去那些過於委婉的修飾！
簡單明瞭切入重點，會讓人覺得很有自信，也能節省時間
感謝大家今天讓我有機會報告〇〇
今天要報告的是〇〇
簡潔
要想省略雜訊，讓內容變得簡潔，就得特別注意前述的重點唷
雜訊
雜訊
雜訊
想傳遞的事情
讓我們用心整理簡報，讓簡報變得簡單吧！
透過視覺與聽覺營造印象啊……試著想像受眾的位置，站著練習似乎不錯耶
對啊，也很建議拍成影片唷

視情況展現信賴感或好感

完成投影片之後，就要進入實際演練的階段。不知道大家是否還記得第 2 天曾提到，成功的簡報具有 3 種元素呢？這裡要進一步說明其中的「傳達力」，帶大家學會清楚傳遞資訊的簡報技術。

簡報三元素之一的「傳達力」又包含以下的進階元素：

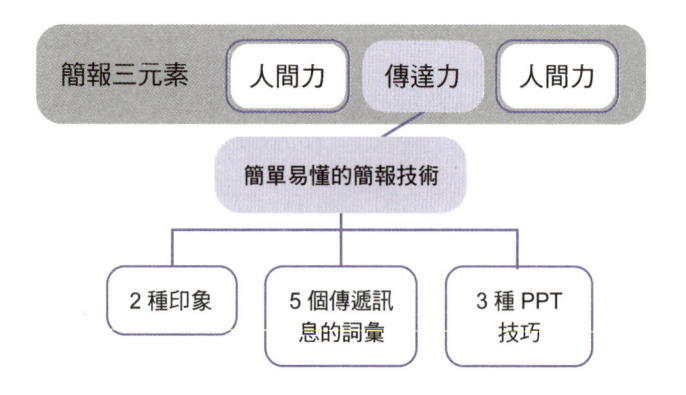

```
簡報三元素   人間力   傳達力   人間力
                       │
                  簡單易懂的簡報技術
                       │
         ┌─────────────┼─────────────┐
      2 種印象    5 個傳遞訊息      3 種 PPT
                  的詞彙            技巧
```

實際演練簡報就是磨練這種簡報的傳達力。這部分有多個重點，但是要請大家先從 2 種印象開始學習，**包含「信賴感」與「好感」**。想要同時提升這兩種印象是很困難的，而且提升其中一種印象，往往會讓另一種印象下滑，這時候**必須視情況選擇以何者為優先，先試著掌握較為重要的印象**。

比方說，我的簡報研習課程通常是以法人為授課對象，所以台下的受眾通常都是第一次見面，因此我都以信賴感為優先，如果是面對一般群眾的講座，通常台下的受眾對我已

經有一定的認識,此時我就會以博得好感為優先,例如:穿著比較休閒的服裝,或是以比較客氣的口吻說話。

　　簡報者可透過視覺資訊與聽覺資訊操控這兩種印象,而掌握的方式將從下一頁開始說明。

利用視覺資訊控制印象

受眾不只會看到簡報資料,也會接收到來自簡報者的視覺資訊,而這些視覺資訊也會左右受眾接收到的印象。

在控制印象的視覺資訊中,可分成「外表」與「動作」兩種,接下來會依序說明這些重點。

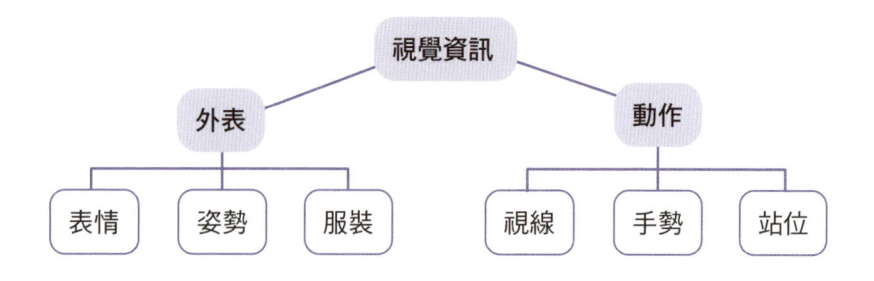

```
                    視覺資訊
            ┌──────────┴──────────┐
           外表                    動作
        ┌───┼───┐             ┌───┼───┐
       表情 姿勢 服裝          視線 手勢 站位
```

隨著場合展現專業的「外表」

在表情方面,請讓表情與簡報內容一致。大部分的商務簡報都是比較嚴肅的內容,只要保持認真的表情就沒有問題。如果是休閒活動、趣味企劃的簡報,則要記得保持笑容,讓受眾覺得內容很有趣。

姿勢則應該保持挺直背部,雙手輕輕交疊在肚臍前方(如果是坐著,就放在桌子上)。如果讓雙手背在背後,會讓人覺得很像是日式加油團一樣,有種不太自然的感覺,雙手放在兩旁也讓人覺得不太專業。放在前方比較容易做出不同的手勢,也比較不會給人負面的印象。

服裝則盡可能選擇不會讓受眾覺得不舒服的款式。以商務簡報為例，套裝是基本服裝。就算是能夠輕裝上陣的場合，也記得選擇看起來乾淨整潔的服飾。

用「動作」輔助

在視線的部分，為了確定「受眾真的聽懂了」，請確認受眾的表情。**要透過視線確認受眾的表情，記得常常移動視線**。太過緊張的時候，往往會死死盯著螢幕不放。一般來說，視線看向受眾比較好。

手勢是讓受眾知道你有多熱情的重要視覺資訊。與別人說話的時候，本來就會做一些手勢或肢體動作，所以不需要逼自己戒掉這些動作。

要注意的是，緊張的時候，身體就會變得很僵硬。**這時候只要將注意力放在「數字」、「畫面」、「方向」這三種動作，就能輕鬆做出該做的手勢**。比方說，如果需要說明一些數字，這時就能用手指比出該數字，也可以用雙手比出很大、很小、很高、很低的手勢，讓受眾發揮想像力，也可以將手伸向投影片或受眾，如此一來，就算再怎麼緊張，也能在簡報的過程中，自然而然活動身體。

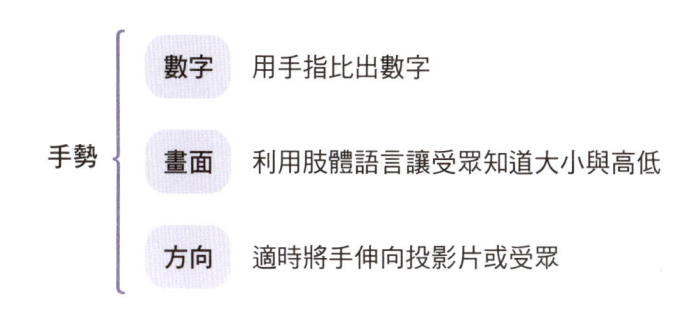

手勢		
	數字	用手指比出數字
	畫面	利用肢體語言讓受眾知道大小與高低
	方向	適時將手伸向投影片或受眾

站位的重點在於營造一張一弛的氣氛。不要讓自己慌張地走來走去,而是**要明確讓受眾知道你何時要走動,何時會站在原地**。

我在進行簡報時,一定會站在從受眾角度來看的螢幕右側,但不會一直站著不動,不然受眾會覺得無趣。所以我偶爾會從螢幕右側走到左側,或是走到螢幕前方,與受眾拉近距離。有移動才不會讓受眾覺得厭煩,也才能讓受眾維持專注力。

要注意的是,如果這些動作太過慌亂,沒有任何節奏感,反而會讓受眾無法專心,所以基本上是站在原地發表,然後偶爾走動一下即可。

透過聽覺資訊控制印象

　　在簡報的聽覺資訊中，占比最大的就是簡報者的「聲音」。讓我們花心思調整說話方式，給予受眾更好的印象吧。

　　要透過聲音傳遞資訊時，最重要的是「抑揚頓挫」與「口條」。要創造抑揚頓挫的效果，可透過「音量大小」、「說話速度」與「停頓」這三種元素，至於口條的部分則是盡可能排除「雜訊」與「過於委婉的修飾」。

營造「抑揚頓挫」的重點

　　在音量大小的部分，基本上就是要**維持全場受眾都能聽清楚的音量**。如果聲音太小，可試著使用麥克風。

　　在說話速度的部分，可根據受眾的類型調整。比方說，受眾的平均年齡若是偏高，放慢說話速度會比較好。要注意的是，說得太慢會讓人想睡覺或覺得無聊，所以有時候要創造一點說話的節奏感。大部分的人一緊張，說話的速度就會變快，**當你覺得很緊張的時候，試著讓每個字的發音再清楚一點，說話的速度自然就會變慢**。

　　至於停頓，**停頓是讓受眾喘口氣的時間，也很適合用來調整簡報的節奏**。有些人很害怕現場一片靜默，但是適當插入停頓，不要一直說個不停也非常重要。

良好「口條」的重點

　　所謂雜訊就是簡報者為了連接內容而插入的多餘詞彙，例如「呃」、「那麼」、「這個」都算是雜訊的一種。如果能逼自己把這些詞彙吞回肚子，就能減少雜訊，又能創造停頓，算是一舉兩得的舉動。

　　至於過於委婉的修飾，就是「感謝大家今天讓我有機會報告〇〇」這種說話方式。改成說「今天要報告的是〇〇」，能夠讓受眾清楚了解報告的主題，也會讓受眾覺得你很有自信，對你會多幾分信賴感。

17. 線上簡報的注意事項與器材

最近線上簡報越來越常見，這裡要介紹幾個相關的祕訣哦

如果只是開會的簡報，有時不必太注意細節，但若是影響重大的線上簡報，細節就會造成明顯的差異

稍加注意就會有如此不同！

- 仰角鏡頭
- 冷氣的噪音
- 悶悶的聲音
- 充滿室內生活感的背景
- 表情灰暗

噗～噗～

- 表情明亮
- 正常角度
- 專業背景
- 清楚的聲音

嗯，真的完全不一樣耶！

線上簡報要重視「視角」與「背景」

背景
比起居家的背景，帶有商務氣氛的背景比較好

如果是筆記型電腦的鏡頭，很容易拍成仰角的畫面，此時可利用書本墊高

由下往上的鏡頭

好討厭

視角
半身的鏡頭最為理想

不要讓鏡頭變成仰角

由上往下的角度絕對比由下往上的角度更上鏡

進行線上會議時，若想要看著別人的表情，視線往往會移錯方向對吧？

沒錯！線上會議時，必須盯著鏡頭說話，這得多多練習才會習慣哦

鏡頭的位置

視線

在別人眼中長這樣

咦～

好不習慣哦

有點不好意思耶

在習慣之前，可以用便條紙或肖像照貼在鏡頭旁邊，提醒自己看鏡頭唷

好可愛哦

DAY 6 清楚傳達資訊的簡報技巧

線上簡報所需的器材
一定要準備的器材
☑ 網路　☑ 視訊會議工具　☑ 電腦　☑ 安靜的房間
噪音太多會聽不清楚，這點很容易忽略，卻很重要
的確
如果有小孩子在家，很難保持安靜，這時就需要有人幫忙照顧孩子
有準備會更理想的器材
☑ 網路攝影機　☑ 麥克風　☑ 燈光　☑ 當作虛擬背景使用的圖片
比起筆記型電腦內建的鏡頭與麥克風，購買專業的器材就能提升畫面與聲音的品質唷
順帶一提，麥克風比鏡頭更值得先買！如果是影片，就算影像有點粗糙，只要聲音夠清晰，影片還是看得下去
燈光也會讓畫面變得很不一樣
在大部分情況，桌子與燈光的相對位置都是這樣，燈光都在人的後面
如果能準備一個從前方打亮臉的燈光會很棒哦
如果想進一步提升品質，還可以準備綠幕這類道具唷！啊，這個也可以準備，那個也可以準備
發亮
閃閃
超喜歡小道具
老師超興奮的啦
老師推薦的器材請參考第160頁

線上簡報的注意事項

線上簡報也十分重視印象,但是視覺資訊與聽覺資訊的重點卻與線下簡報不一樣。了解線下簡報與線上簡報的差異,讓自己能在這兩種簡報拿出最好的表現吧。

線上簡報時,視覺資訊的注意事項

「外表」是左右印象的視覺資訊之一,而在「表情」、「姿勢」與「服裝」的部分,線上簡報跟線下簡報沒什麼不同,只是線上簡報必須多注意「視角」(拍攝範圍)與「背景」這些畫面特有的事項。

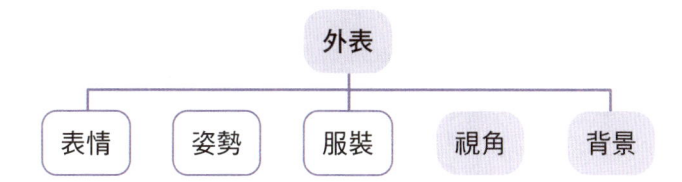

```
              外表
   ┌─────┬─────┼─────┬─────┐
  表情   姿勢   服裝   視角   背景
```

視角盡可能保持半身(胸部以上)的範圍。如果使用的是筆記型電腦內建的鏡頭,很有可能變成由下往上拍的角度。由上往下拍的角度,才能拍出正常的畫面,所以盡可能將鏡頭調整為由上往下拍的角度。如果使用的是筆記型電腦,則可以墊高筆記型電腦,如果使用的是桌上型電腦,則可將網路攝影機安裝在螢幕上方,盡可能不要讓鏡頭的角度是由下往上拍。

如果背景是雜亂的室內環境,會讓人有種居家生活感,而這種背景不太適合簡報,所以最好準備具有商務氛圍的虛

擬背景。

另一個視覺資訊則是「動作」，而屬於動作的「視線」也有另外需要注意的地方。在線下進行簡報時，簡報者可透過視線交會的方式確認受眾是否了解內容，但是在進行線上簡報時，如果看向受眾的表情，就無法一直看著攝影機，視線就無法交會。所以在進行線上簡報時，**請盯著鏡頭，才能與受眾視線交會**。線上簡報的優點在於盯著鏡頭，就能與所有受眾視線交會。

不過，當我們盯著鏡頭，就無法確認受眾的表情，所以偶爾還是要看一下受眾的表情。由於此時的螢幕也會顯示投影片，所以在進行線上簡報時，除了要觀察「受眾」、看著「投影片」，還得盯著「鏡頭」，這點可說是線上簡報的困難之處。

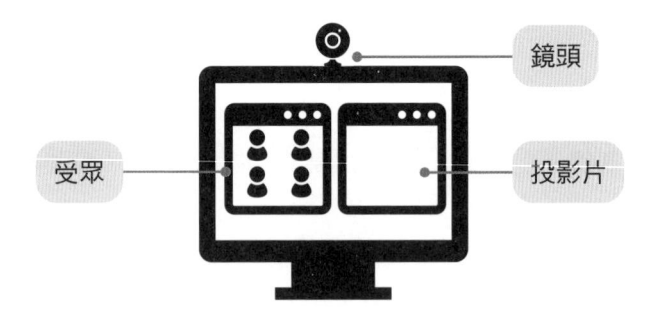

（圖：螢幕上顯示「鏡頭」、「受眾」、「投影片」）

至於動作的另一個要素「手勢」，線上簡報比較難透過手勢營造氣氛，所以動作要比線下簡報再誇張一點。

線上簡報時，聽覺資訊的注意事項

聽覺的部分則要盡可能屏除噪音。此時需要的是準備一間「安靜的房間」，相關細節請參考第 159 頁的說明。

線上簡報的器材

想讓線上簡報更順利進行，就必須準備適當的器材。在此為大家介紹必須準備的器材和推薦的器材。

必須準備的器材

線上簡報必備的器材包含「網路」、「視訊會議工具」、「電腦」、「安靜的房間」這四種。

最容易被忽略的器材就是「安靜的房間」，大家可能都在線上會議遇過「這個人說話的時候，聲音特別吵」的情況吧？如果在進行簡報時，環境很吵雜，受眾就無法專心聽簡報，所以準備一間安靜的房間非常重要。

有準備會更好的器材

有些器材會讓簡報更加分，包含「網路攝影機」、「麥克風」、「燈光」與「虛擬背景圖片」。

網路攝影機能夠提供比電腦內建鏡頭更漂亮的畫面。雖然使用內建的鏡頭也不會不好，但性能通常都不會到非常棒，可以的話，還是建議花點錢添購高性能的網路攝影機。

麥克風的話，也建議不要使用內建的麥克風，而是使用性能較佳的外接麥克風來提升音質。影像與聲音哪個該優先改善？答案是先改善聲音。其實 YouTube 的影片也是一樣的道理，比起「畫面漂亮、噪音很多的影片」，**「畫質粗糙、聲音好聽的影片」更能讓人輕鬆觀賞**。由此可知，「聽覺」

在理解內容的過程中,扮演相當重要的角色。

另一個意外重要的部分是燈光。大部分房間的燈光都位在天花板正中央,而桌子通常都位於牆壁旁邊,所以在進行簡報時,光線通常是從背後照過來,在這種逆光的情況下,我們的臉通常會變得黑黑的,所以**若能在臉的前面準備一盞燈光,就能把臉照得很漂亮**。

虛擬背景圖片則是商務簡報不可或缺的器材。如果使用的是 Zoom 這套視訊會議工具,還可以使用綠幕讓虛擬背景跟自己合成。由於綠幕可完美去背,所以想提升簡報品質時,非常建議使用綠幕。

高橋老師推薦的簡報器材

器材	推薦產品
網路攝影機	C922n(Logicool)
麥克風	Snowball ICE(Logicool)
燈光	10 吋 LED 環形燈(NEEWER)
綠幕	1.5×2M / 5×6.6 FT 折疊式綠幕(NEEWER)
綠幕支架	ST-190 190 公分攝影專用燈架(NEEWER)
固定夾	反射式專用 Heavy Duty Clamp Holder(NEEWER)

※ 商品名稱、製造商品稱都是2023年12月的資料。

18. 傳遞訊息的 5 個詞彙

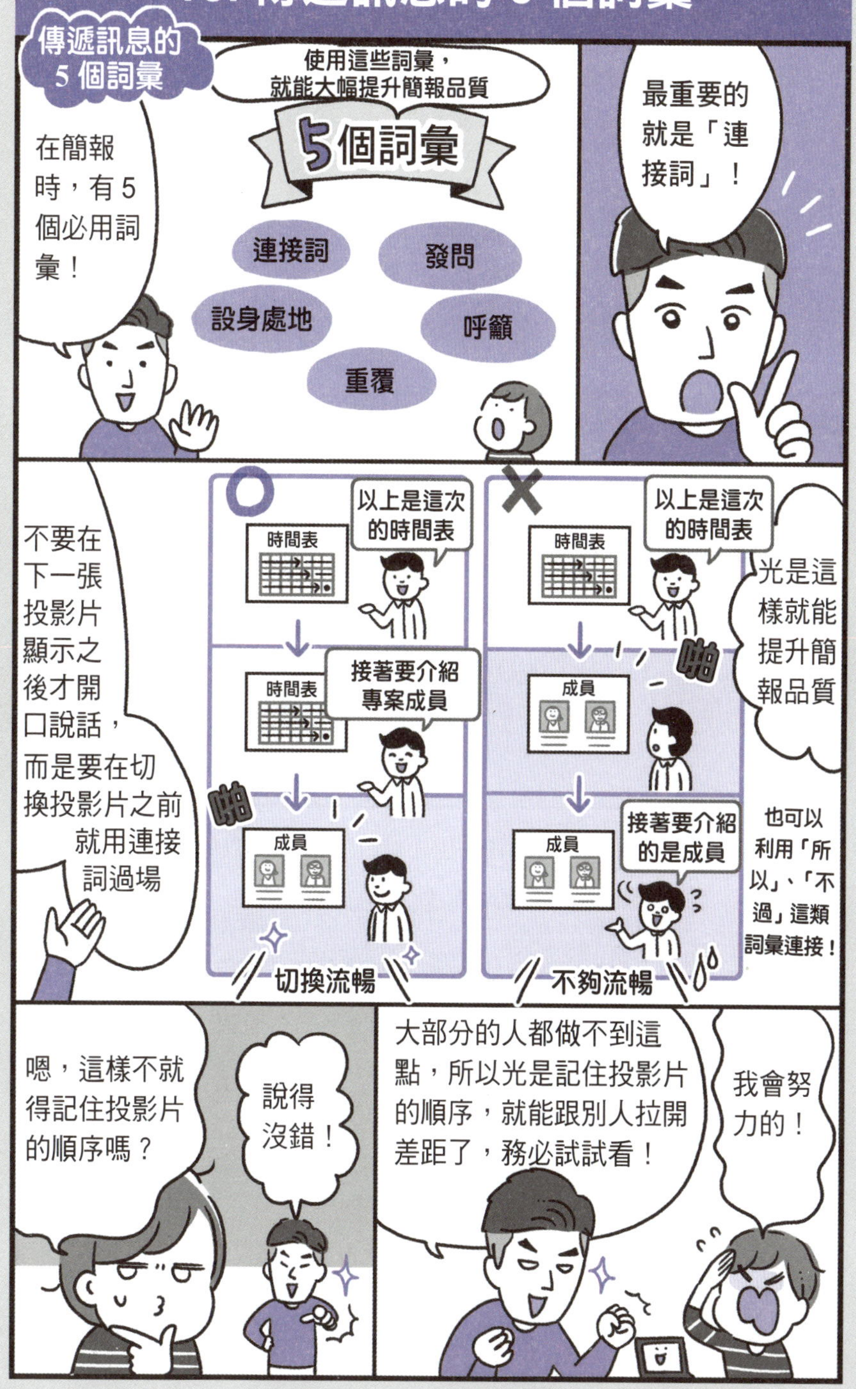

【漫畫圖解】上班族必學的 PowerPoint 簡報製作術

接著是發問的詞彙，也就是提出問題！

問題？

簡報常常都是簡報者自己講個不停，但受眾會越聽越累對吧？

很無聊，越來越不專注

嗯嗯

若在這時候發問，受眾就會開始動腦。不管是誰，只要被問問題就會開始找答案！

大家覺得在這個問卷之中，答案最多的是哪一個？

呃……

引擎重新啟動！

不過，不是什麼問題都可以問，這點要多注意

詳情參考第165頁

接著是這三個詞彙！

呼籲
使用聽起來像是以受眾為主體的詞彙

大家……
我們……
↓
聽起來像是與受眾也有關係的事

我啊
我會……
↓
聽起來都像在說簡報者自己的事

設身處地
試著以受眾為主詞

這項商品會在一週之後請您使用
這個商品一週後會送達
↓   ↓
聽起來地位相等   嗯

重覆
重要的事情必須多說幾次，受眾才聽得懂！

這個我已經記住了！

162

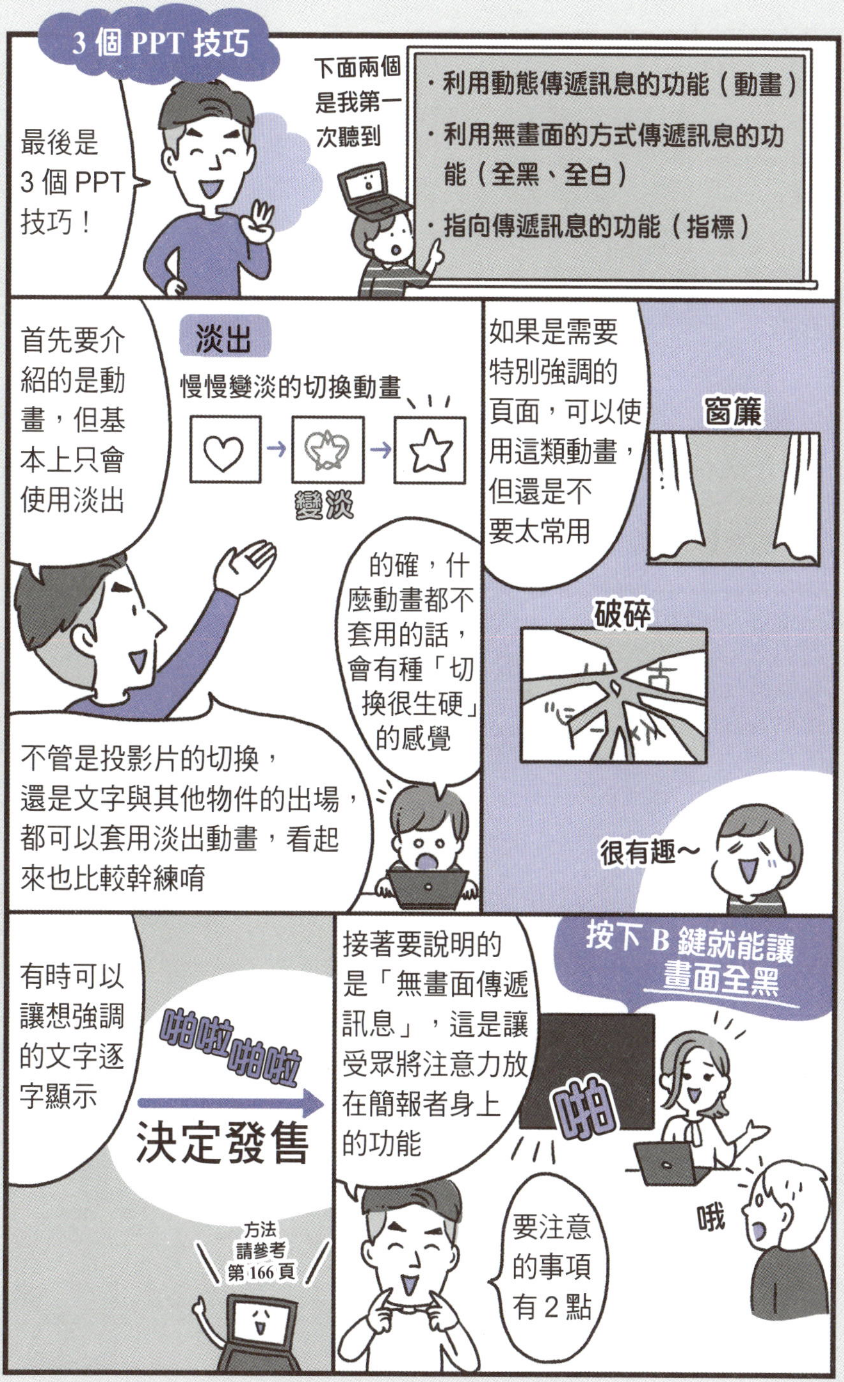
3 個 PPT 技巧
最後是 3 個 PPT 技巧！
下面兩個是我第一次聽到
・利用動態傳遞訊息的功能（動畫）
・利用無畫面的方式傳遞訊息的功能（全黑、全白）
・指向傳遞訊息的功能（指標）
首先要介紹的是動畫，但基本上只會使用淡出
淡出
慢慢變淡的切換動畫
變淡
不管是投影片的切換，還是文字與其他物件的出場，都可以套用淡出動畫，看起來也比較幹練唷
的確，什麼動畫都不套用的話，會有種「切換很生硬」的感覺
如果是需要特別強調的頁面，可以使用這類動畫，但還是不要太常用
窗簾
破碎
很有趣～
有時可以讓想強調的文字逐字顯示
啪啦啪啦
決定發售
方法請參考第 166 頁
接著要說明的是「無畫面傳遞訊息」，這是讓受眾將注意力放在簡報者身上的功能
按下 B 鍵就能讓畫面全黑
啪
哦
要注意的事項有 2 點

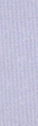

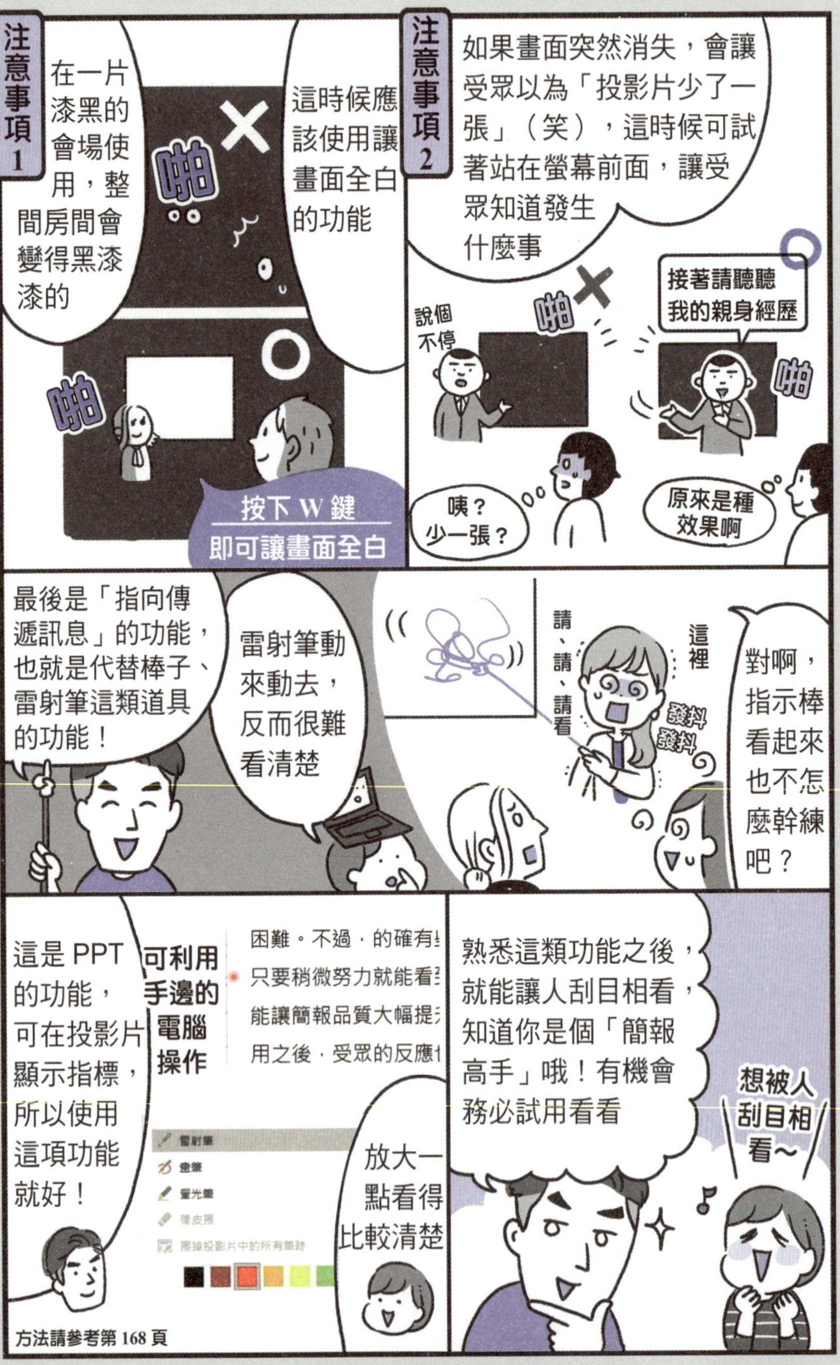
注意事項1
在一片漆黑的會場使用，整間房間會變得黑漆漆的
這時候應該使用讓畫面全白的功能
啪
啪
按下 W 鍵
即可讓畫面全白
注意事項2
如果畫面突然消失，會讓受眾以為「投影片少了一張」（笑），這時候可試著站在螢幕前面，讓受眾知道發生什麼事
說個不停
啪
接著請聽聽我的親身經歷
啪
咦？少一張？
原來是種效果啊
最後是「指向傳遞訊息」的功能，也就是代替棒子、雷射筆這類道具的功能！
雷射筆動來動去，反而很難看清楚
請、請、請看
這裡
發抖
發抖
對啊，指示棒看起來也不怎麼幹練吧？
這是 PPT 的功能，可在投影片顯示指標，所以使用這項功能就好！
可利用手邊的電腦操作
雷射筆
畫筆
螢光筆
橡皮擦
擦掉投影片中的所有筆跡
放大一點看得比較清楚
方法請參考第 168 頁
熟悉這類功能之後，就能讓人刮目相看，知道你是個「簡報高手」哦！有機會務必試用看看
想被人刮目相看～

運用 5 個詞彙喚起受眾專注度

話術有很多種,要學會所有話術應該很困難。不過,有些方法能讓初學者只要稍微努力就能看到改善。在此介紹能讓簡報品質大幅提升的 5 個詞彙,使用之後,受眾的反應也會截然不同,請大家務必試看看。

以下是 5 個能有效提升簡報品質的詞彙:

種類	範例
連接詞	● 連接下一張投影片的詞彙 在切換投影片之前,先說「接下來」、「不過」,再切換投影片
重覆	● 重覆強調重要的事情 在說完一段內容之後,再說一次重點
呼籲	● 呼籲受眾,讓受眾成為主體的詞彙 將簡報的「我」換成「我們」或「大家」
發問	● 向受眾提出問題 在受眾快要失去專注力的時候提問
設身處地	● 站在受眾的立場發表內容 以受眾為主詞

此外,在向受眾發問時,有時需要「點某個人站起來回答」,有時則「不需要點名,也不需要有人回答」。建議大家盡量不要使用前者的方法,以免對方回答不出來,害他白白丟臉。要發問就採用「誰都能回答的問題」或「誰都無法回答的問題」,如果不需要答案,就可以自問自答,但記得在自答之前,稍微等一下。**發問的目的在於提升受眾的專注力,所以要給受眾一點思考的時間。**

利用 3 個 PPT 技巧改善呈現方式

接著介紹改善簡報「呈現方式」的 PPT 功能，學會「利用動態傳遞訊息」、「利用無畫面的方式傳遞訊息」、「指向傳遞訊息」，就能讓受眾覺得你是簡報高手。

利用動態傳遞訊息的功能

與 PPT 投影片有關的動態效果大致分成「轉場」與「動畫」這兩種。轉場就是切換投影片的方法，雖然 PPT 內建了各種效果，但基本上只會使用「淡出」。淡出效果可讓畫面像是煙霧散開般切換，能讓簡報看起來更洗練。轉場效果可透過下列的方式設定：

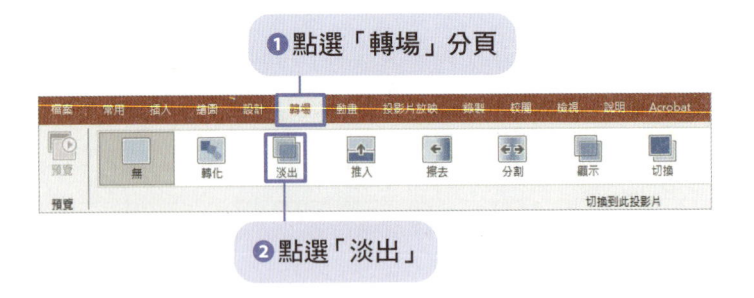

❶ 點選「轉場」分頁

❷ 點選「淡出」

如果是需要特別強調的頁面，可套用較具震撼力的「窗簾」或「破碎」的效果，但這不是能常常使用的效果，偶爾使用就好。

另一個功能是讓投影片之內的物件動起來的動畫效果，這裡也只使用「淡化」效果就好。不過，箭頭物件則可套用「擦去」效果，讓箭頭沿著方向慢慢顯示，讓受眾更了解內容的順序。

若要在文字方塊套用動畫效果,可如下在每個字套用效果。建議大家在需要突顯文字的時候再使用。

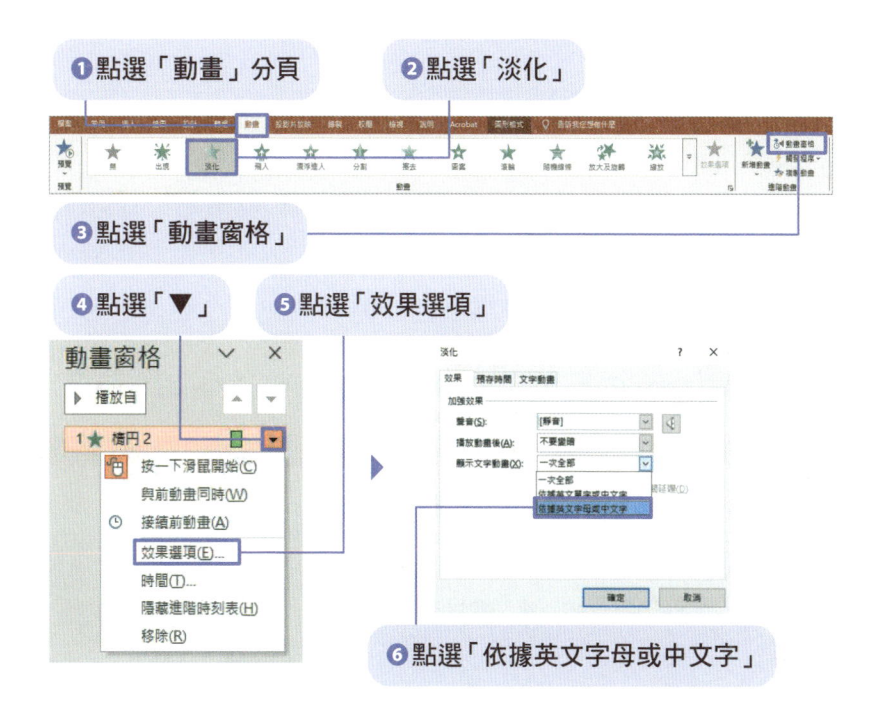

❶點選「動畫」分頁
❷點選「淡化」
❸點選「動畫窗格」
❹點選「▼」
❺點選「效果選項」
❻點選「依據英文字母或中文字」

利用無畫面的方式傳遞訊息的功能

進行簡報時,受眾不是看著「投影片」就是看著「簡報者」,如果希望受眾注意簡報者,可試著隱藏投影片,強迫受眾將視線轉回簡報者。

在簡報進行之際,**按下 B 鍵可讓畫面全黑,按下 W 鍵可讓畫面全白**。通常會選擇讓畫面全黑,但如果會場本來就是黑漆漆一片,就不太適合讓畫面全黑,否則真的會一點光都沒有,此時最好讓畫面全白,讓螢幕代替燈光。

如果讓畫面全黑，有時會讓受眾以為「少了一張投影片」，所以簡報者要試著站到螢幕前面，讓受眾知道發生了什麼事，簡報者也能藉此讓自己的動作多一些變化。

指向傳遞訊息的功能

如果需要在投影片指出重點，可使用 PPT 的「使用簡報者檢視畫面」功能，再使用雷射筆功能。如果電腦跟監視器或投影機連線，也可以直接操作電腦，顯示雷射筆指標。

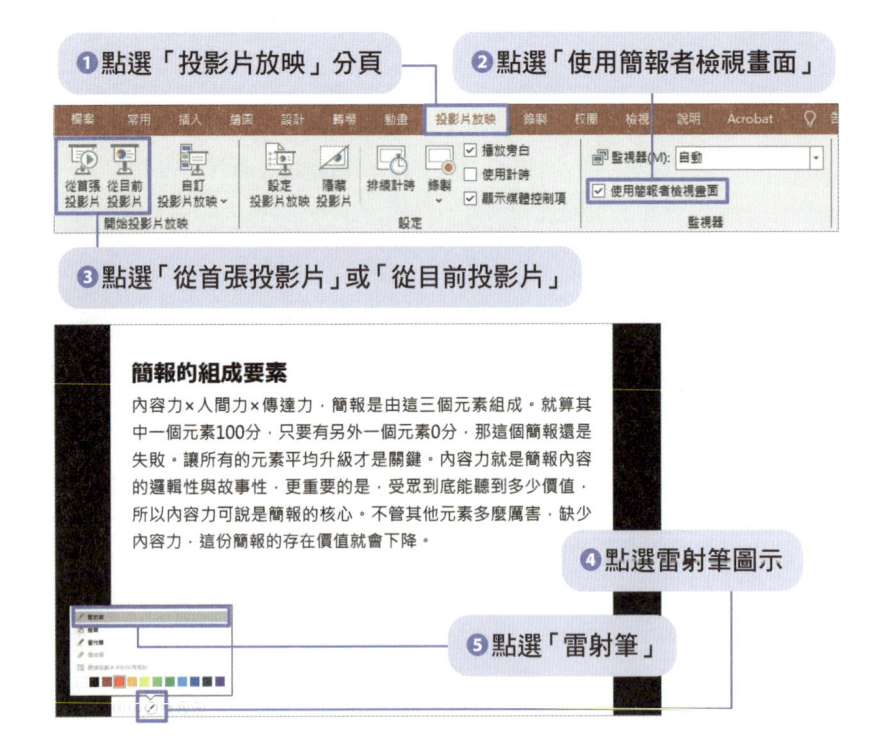

❶ 點選「投影片放映」分頁
❷ 點選「使用簡報者檢視畫面」
❸ 點選「從首張投影片」或「從目前投影片」
❹ 點選雷射筆圖示
❺ 點選「雷射筆」

之前我光是為了「不要失敗」就想到腦袋爆炸了，我都沒想過要讓受眾印象深刻啊
嗯嗯
我都會視情況如此使用
受眾都不太知道我是誰的情況（例如企業研習課程）
博取信賴感
西裝
使用第一人稱「我」
禮貌的用字遣詞
受眾對我有一定程度信任的情況（例如：在YouTube看過我，所以才來參加講座的人）
博取好感
休閒的服裝
使用第一人稱「小弟」
輕鬆的用字遣詞
再來就是站姿吧，我很常動個不停，讓人覺得我很慌張，但是看到外國的簡報影片就會發現，簡報者的步調都很慢耶
對啊，看起來才會充滿自信啊
自信是非常重要的事！我也會在重要的簡報穿上我的「必勝服飾」唷
自然而然就會湧現自信
帥氣
哇～

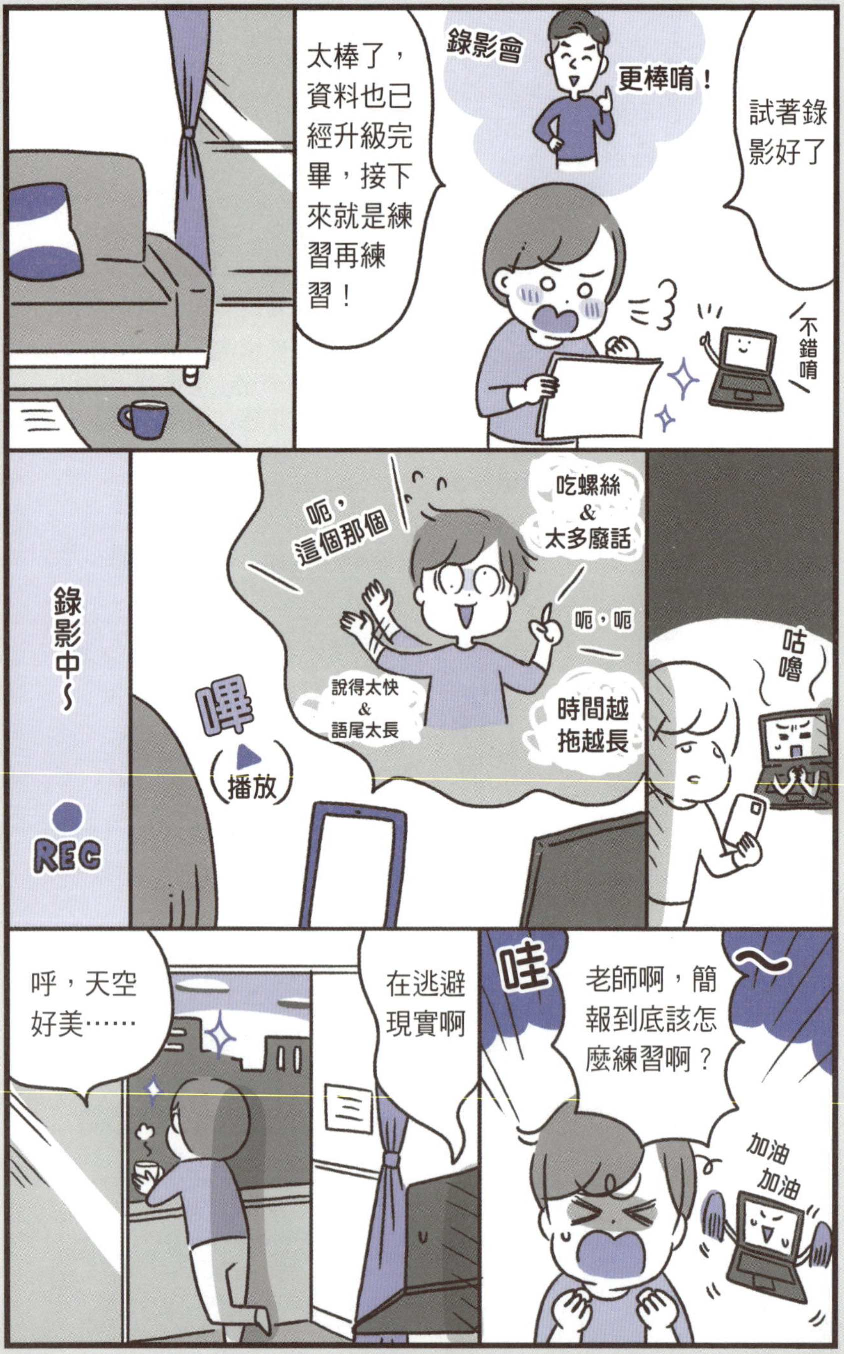
太棒了，資料也已經升級完畢，接下來就是練習再練習！
錄影會
更棒唷！
試著錄影好了
不錯唷
錄影中～
REC
呃，這個那個
吃螺絲&太多廢話
呃，呃
說得太快&語尾太長
時間越拖越長
嗶
播放
咕嚕
呼，天空好美……
在逃避現實啊
哇
老師啊，簡報到底該怎麼練習啊？
～
加油加油

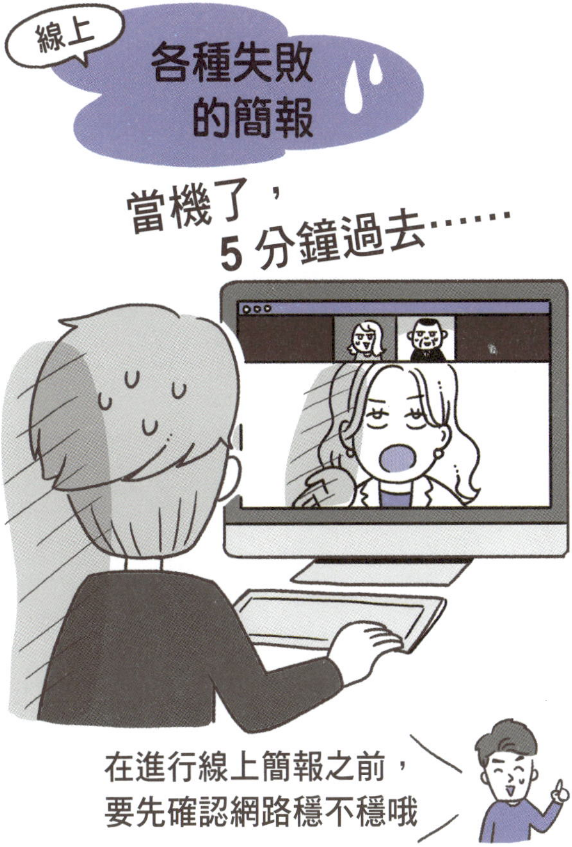
線上
各種失敗的簡報
當機了，5 分鐘過去……
在進行線上簡報之前，
要先確認網路穩不穩哦

DAY
7

練習簡報和
應對Q&A時間

19. 練習簡報的方法與心態

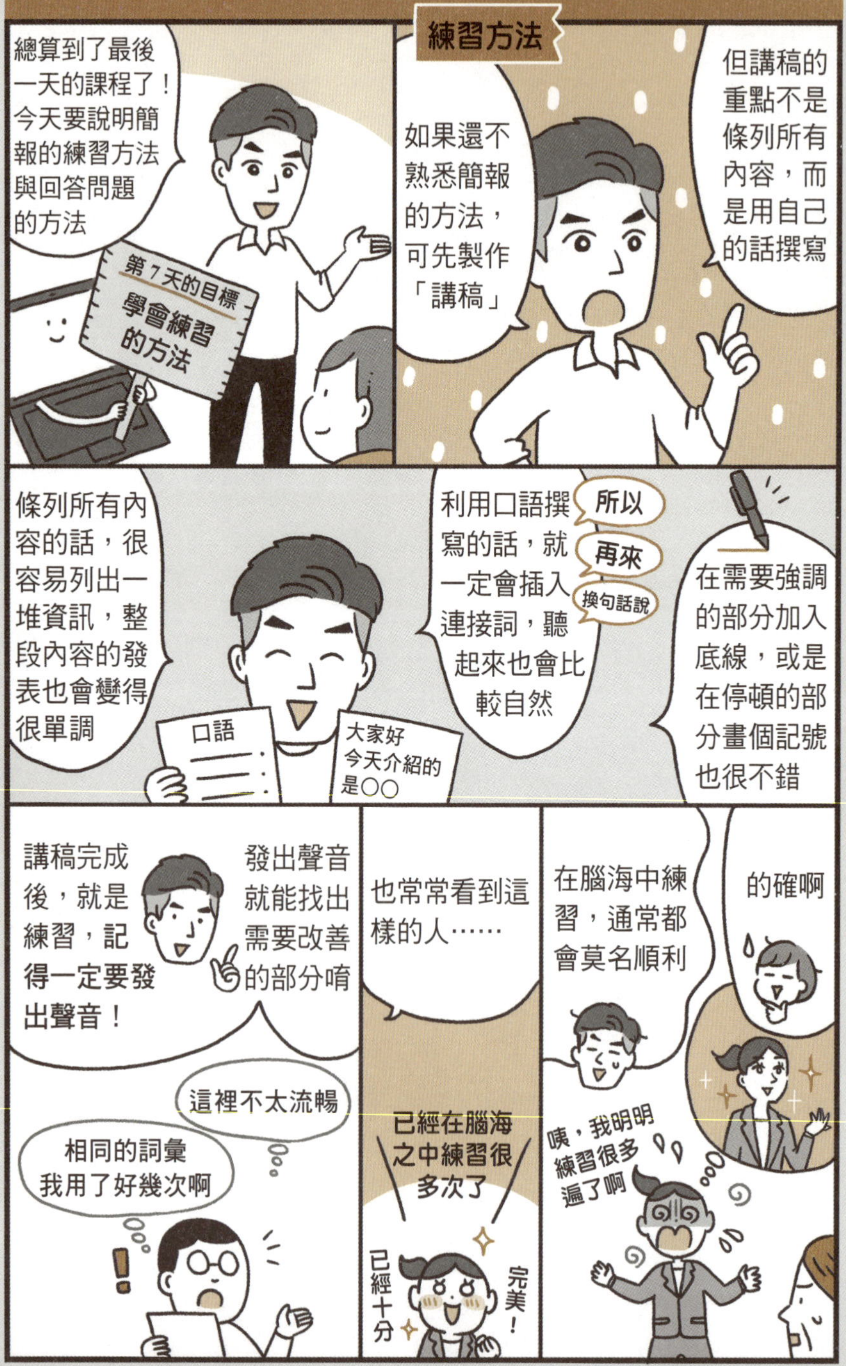

此外，
還要測時間！
就算練習的時候，時間抓得剛剛好，正式上場時，通常都會超過時間，所以練習時，要讓自己在八成的簡報時間之內結束
5分鐘的簡報要在4分鐘之內結束
10分鐘的簡報要在8分鐘之內結束
簡報到此結束！有什麼問題嗎？
其實大部分的簡報者都會超時，所以光是能在時間之內結束，就很厲害了唷
哦，真準時
接著就是要好好練習前言的部分
大家都會反覆練習內容，卻忽略了前言的練習
開頭順利，後面就會跟著順利
開頭不順，後面就會很不順
但這樣會對後面造成不少影響唷
我很懂……
前言的練習之所以重要，跟第一印象有關係，若是10分鐘的簡報，開頭失敗就很難挽回第一印象
短時間內的印象變化
印象
第一印象不錯的情況
第一印象不太好的情況
時間
難以填補差距
一開始印象很糟的話，後面就很難挽回了啊
回答問題
我也不知道該怎麼應對簡報後的問答，有什麼對策嗎？
我不會臨場發揮
嗯，問答的確很困難，但有一些重點可以注意！

回答問題的祕訣

確認問題

聽不懂問題時,記得問受眾「你的問題是這個意思嗎」,以免誤解對方的意思。

如果不先確認就回答……

不好意思,我要問的不是這個

簡單明快地回答

直接了當地回答重點,不要東扯西扯。受眾有興趣的話,會進一步詢問。

是的,那是○○○!

直接了當

確認回答

確認是否回答了受眾的問題。

這是否回答了你的問題呢?

向所有人回答問題時,加上主詞與受詞

這個專案的預算是多少呢?

有時候其他聽眾會聽不到提問者的聲音

是 500 萬

什麼 500 萬?

這個專案的預算是 500 萬

我原本也想問這個問題!

如果遇到不會的問題怎麼辦?

這時候要誠實以對!

最可怕的情況!

呃,大概是這樣吧!

我想知道的不是大概的答案

這會害簡報功虧一簣!

我現在沒辦法明確回答這個問題,請讓我確認法後,再以電子郵件回答。

很誠實耶

千萬不要為了應付對方而隨便回答,而是要誠實以對

最後，我要送學到現在的秋葉小姐這個……
這是簡報心態之書
一堆？
祕笈？
首先是這個
咚
咚
在簡報投入熱情吧！
想要說服別人，就需要在簡報投入熱情！
老實說，有時候會對簡報的內容沒什麼熱情，對吧？
真的！這時候要「演出」熱情！
我在找工作時，發現有沒有熱情會導致完全不同的結果唷
我很想在貴公司上班
真的嗎？
我非常非常想在貴公司上班！
合格！
呵呵呵
我是女演員……
喃喃自語
鏡子
接著是希望秋葉小姐知道的事情！
咚
咚
2：6：2法則
受眾的組成
兩成 正面的受眾
六成 普通的受眾
兩成 負面的受眾
不管簡報多精彩，都有兩成負面的受眾
就連我在簡報時，也會遇到負面的受眾哦
老師也會遇到！

最糟糕的情況就是因為那兩成的負面受眾而焦急，這樣會讓簡報的品質一落千丈
該怎麼才能讓這種受眾覺得有趣啊？
知道不會所有人都認真聽，然後依照練習的方式發表即可
只要知道這個法則就不會緊張了！
今天也有負面受眾，不管他們，對著認真的受眾發表吧！
最後是這個
雖然不斷修改與練習簡報直到正式上場的前一天，是最理想的狀況，但反正到了當天就無法再修改，所以放輕鬆就好！
咚
咚
非完美主義
啊，不小心跳過了
失誤了
就算發生這種事，受眾也不知道內容，所以不需要太緊張
不要讓受眾看到你慌慌張張的樣子
剛剛還有一個話題要說，請讓我補充一下！
如果是不能跳過的內容，只需要這麼說
自信最重要對吧！
秋葉小姐很懂嘛，到此，7 天的課程就結束了！辛苦了！
感謝老師的指導！
Good Luck!

簡報的練習方法

總算到了實際演練簡報的階段，花時間練習就能讓自己更有自信面對簡報。

在練習簡報時，最常見的錯誤如下：

- 以條列式的方式撰寫講稿
- 只在腦海中練習，沒有實際發出聲音
- 練習時，剛好用完所有簡報時間
- 只練習「細節」這類主要內容

如果只是這樣練習，正式上場的時候很有可能會失敗。簡報的練習有幾個重點。第一個重點是，在還不熟悉簡報時，最好先撰寫講稿，但千萬不要以條列式的方式撰寫，否則在發表的時候，就會變成念稿模式。**建議大家以自己的話撰寫講稿，就能在練習時知道內容是否流暢。**

實際練習時，也要照著講稿念出聲音。如果不念出聲音，只是瀏覽講稿，會誤以為自己已經很熟練，一旦正式上場反而會變得不太順利。

遵守簡報的時間限制也很重要。**練習時，千萬不要剛剛好用完時間，而是要控制在八成左右的時間結束**，因為正式上場時，時間通常會拖得更久。多數人都無法在時間限制之內結束，所以光是能遵守時間就有可能博得好評。

此外，在練習簡報時，**請務必從頭開始練習**。許多人

都只練習「細節」這種主要的部分，不太練習開頭前言的部分。第一印象很重要，一旦出師不利，即使後續的簡報內容再好，也很可能無法挽回印象，所以記得千萬不要跳過開頭的練習。

回答問題的祕訣

　　許多人都很害怕簡報後的問答時間，在此為大家介紹幾個問答時間的重點。

　　回答時間通常放在簡報的最後，若是無法好好處理這個環節，恐怕會讓簡報功虧一簣。比方說，有可能會造成以下的情況：

- 沒針對提問者的問題回答
- 回答了不需要回答的部分
- 過於精簡，讓某些人聽不懂
- 未確認是否回答了受眾的問題
- 隨便應付無法回答的問題

　　若要避免前述的情況，有幾個重點需要注意。**有提問者提問時，要先確認問題的意思**，問對方：「你的問題是這個意思嗎？」避免牛頭不對馬嘴。

　　回答時，要記得簡單明瞭地回答。**不要東扯西扯，針對問題回答就好**。如果提問者有興趣，應該會繼續詢問，不需要搶先回答。不過，也不能回答得太過精簡。如果像前述漫畫那樣，只針對問題回答，那麼沒聽到提問的受眾就會不知道你在回答什麼，所以回答問題的時候，記得加上主詞與受詞。

　　回答問題之後，**要記得確認是否真的回答了對方的問題**。如果沒回答清楚就請別人繼續提問，會讓先問問題的人

不開心。

　　如果遇到當場無法回答的問題，也千萬不要隨便回答，這樣只會讓受眾覺得很糟糕。可以誠實跟對方說：「容我先行確認，日後再回答。」

面對簡報的心態

不管是誰,在實際上場時,一定還是會覺得不安,所以最後要介紹 3 個面對簡報的重要心態。

第 1 個重點是「投入熱情」。若要透過簡報讓受眾採取行動,熱情是絕對不可或缺的因素。雖然有時候只是出於工作,不得不做簡報,但是受眾不會知道這些,只會熱情地、認真地聽你的簡報,所以無論如何,在進行簡報時,**至少要演出「很有熱情的樣子」**。

第 2 個重點是「2:6:2 法則」,想必有些人在看到某些受眾心不在焉的時候,會覺得自己的簡報很糟,甚至因此慌張。但其實在進行簡報時,本來就會有一定比例的受眾心不在焉,而這就是所謂的「2:6:2 法則」:

- **兩成→很認真聽簡報的正面受眾**
- **六成→一般的受眾**
- **兩成→打瞌睡、玩手機的負面受眾**

即使是以指導簡報維生的我,也會遇到相同的情況。不管簡報多精彩,負面受眾還是會占一定的比例,此時只要針對正面受眾發表,心情自然而然就會變得沉著。

第 3 個重點是「非完美主義」。簡報一旦開始發表,就無法再修改,此時再慌張也沒用。**建議大家到了當天就不要再追求完美,不要擔心失誤**。就算失誤,也不要露出慌張的

表情，**繼續帶著自信發表**，一樣能讓簡報充滿說服力。雖然在正式上場之前，要順著「設計內容」、「製作資料」、「實際演練」的步驟盡量練習，但是到了簡報當天，就抱著「非完美主義」面對簡報，反而才能拿出好表現。

結語　做出感動人心的簡報

之前都覺得很茫然、不安、害怕，覺得自己不會做簡報……

但我現在覺得好像多了點自信，甚至想試著做簡報

閃閃發亮

呵呵呵

我和秋葉小姐都希望讀到這裡的讀者能夠享受製作簡報的過程！

簡報超級有趣唷！

我是不到覺得有趣的地步啦……

希望秋葉小姐能不斷累積成功經驗，早日覺得簡報很有趣

成功經驗？

我還是上班族的時候，常常有機會遇到重要的簡報

這樣的話，顧客應該會喜歡

常常需要在公司內部向立場不同的人做簡報，當然也都很認真準備

結果……

呼，結束了

高橋啊！

高橋你做得很好耶！
哇
你提供了很棒的資訊耶，謝謝！
沒想到會被這麼多人感謝，簡報真有趣啊！
這些成功經驗造就了我唷
愣住
所以我希望大家能透過自己的簡報得到別人的感謝，希望大家擁有同樣的經驗
老師……
溼潤
想讓別人也開心啊！我從來沒想過這麼積極樂觀的事情耶
我總是很消極
說不定會失敗……
說不定會讓別人失望……
咕嚕
太好了，我也要做出讓別人說「謝謝」的簡報！
加油！
各位讀者也一起享受簡報的樂趣吧！
結束

MEMO

翻轉學 翻轉學系列 145

【漫畫圖解】上班族必學 PowerPoint 簡報製作術
只要 7 天，從內容、設計到呈現，迅速強化提案力，搶救你慘不忍睹的報告！
マンガでわかる プレゼン・資料作成

監　　　　修	髙橋惠一郎
繪　　　　者	Akiba Sayaka
編　　　　者	LibroWorks
譯　　　　者	許郁文
封 面 設 計	比比司工作室
內 文 排 版	黃雅芬
主　　　　編	陳如翎
出版二部總編輯	林俊安

出　 版　 者	采實文化事業股份有限公司
業 務 發 行	張世明・林踏欣・林坤蓉・王貞玉
國 際 版 權	劉靜茹
印 務 採 購	曾玉霞・莊玉鳳
會 計 行 政	李韶婉・許俽瑀・張婕莛
法 律 顧 問	第一國際法律事務所　余淑杏律師
電 子 信 箱	acme@acmebook.com.tw
采 實 官 網	www.acmebook.com.tw
采 實 臉 書	www.facebook.com/acmebook01

I S B N	978-626-349-931-7
定　　　　價	380 元
初 版 一 刷	2025 年 5 月
劃 撥 帳 號	50148859
劃 撥 戶 名	采實文化事業股份有限公司
	104 台北市中山區南京東路二段 95 號 9 樓
	電話：(02)2511-9798　傳真：(02)2571-3298

國家圖書館出版品預行編目資料

【漫畫圖解】上班族必學PowerPoint 簡報製作術：只要7 天，從內容、設計到呈現，迅速強化提案力，搶救你慘不忍睹的報告！/ 髙橋惠一郎監修；Akiba Sayaka 漫畫；LibroWorks 編著；許郁文譯． – 初版． – 台北市：采實文化事業股份有限公司, 2025.05
192 面；14.8×21 公分．--（翻轉學系列；145）
譯自：マンガでわかる プレゼン・資料作成
ISBN 978-626-349-931-7（平裝）
1. CST: PowerPoint（電腦程式） 2. CST: 簡報 3. CST: 漫畫
312.49P65　　　　　　　　　　　　　　　114001158

采實出版集團
ACME PUBLISHING GROUP
版權所有，未經同意不得
重製、轉載、翻印

MANGA DE WAKARU PUREZEN・SHIRYO SAKUSEI
©Keiichiro Takahashi, Sayaka Akiba, LibroWorks 2024
First published in Japan in 2024 by KADOKAWA CORPORATION, Tokyo.
Traditional Chinese edition copyright ©2025 by ACME Publishing Co., Ltd.
This edition arranged with KADOKAWA CORPORATION, Tokyo
through Keio Cultural Enterprise Co., Ltd.
All rights reserved.